本书受山东省社科规划旅游发展研究专题项目“一带一路”背景山东旅游业与区域经济耦合协调发展研究（17CLYJ04）资助、受山东建筑大学博士基金“山东省蓝色经济区海陆联动发展研究”（XNBS1724）资助

HAIYANG JINGJI WANGLUO MOXING JI YINGYONG YANJIU

海洋经济

网络模型及应用研究

王莉莉 赵炳新 ◎ 著

中国财经出版传媒集团

经济科学出版社
Economic Science Press

图书在版编目（CIP）数据

海洋经济网络模型及应用研究／王莉莉，赵炳新著．
—北京：经济科学出版社，2017.12
ISBN 978－7－5141－8911－7

Ⅰ．①海…　Ⅱ．①王…　②赵…　Ⅲ．①海洋经济－网络模型－研究－中国　Ⅳ．①P74

中国版本图书馆 CIP 数据核字（2017）第 327494 号

责任编辑：周胜婷
责任校对：徐领柱
责任印制：邱　天

海洋经济网络模型及应用研究
王莉莉　赵炳新　著
经济科学出版社出版、发行　新华书店经销
社址：北京市海淀区阜成路甲 28 号　邮编：100142
总编部电话：010－88191217　发行部电话：010－88191522
网址：www.esp.com.cn
电子邮件：esp@esp.com.cn
天猫网店：经济科学出版社旗舰店
网址：http://jjkxcbs.tmall.com
北京密兴印刷有限公司印装
710×1000　16 开　11.75 印张　230000 字
2018 年 1 月第 1 版　2018 年 1 月第 1 次印刷
ISBN 978－7－5141－8911－7　定价：58.00 元
（图书出现印装问题，本社负责调换。电话：010－88191510）

前言 Preface

早在21世纪初，联合国就提出“21世纪是海洋世纪”的论断，认为海洋将成为国际竞争的主要领域。许多国家也相继出台了其海洋战略，中国在2003年、2012年相继出台了《全国海洋经济发展规划纲要》和《全国海洋经济发展“十二五”规划》，其中《全国海洋经济发展“十二五”规划》明确指出要提升海洋传统产业、培育壮大海洋新兴产业、积极发展海洋服务业，将发展海洋产业提升到国家发展战略高度。在相关政策的推动下，近十几年，我国海洋产业发展迅速，成为我国经济的重要支撑，已经有了较为完善的海洋产业体系，主要的海洋产业取得了一定发展，为经济发展提供了必要的产业资源，也为我国GDP的增长贡献了重要力量。

海洋战略的实施不断推进海洋经济的理论研究，取得了许多成果。从已有成果看，海洋经济内涵涉及区域和产业两个基本层面：从区域视角看，海洋经济是海洋和海岸带/蓝色经济区相互协同所发生的所有经济活动的总和；从产业视角看，海洋经济是由开发、利用、保护海洋的海洋产业以及依赖/支撑海洋产业的相关产业组成的产业群。海洋经济构成产业及产业间关联关系，而且是区域经济持续增长的重要源泉。在此背景下，本书以海洋经济为研究对象，从关联视角出发，重点研究海洋经济内涵、海洋产业关联关系，城市关联关系等，希望能丰富海洋经济理论和应用研究。

本书共分8章。第1章主要介绍本书选题背景、选题意义，主要创新点及内容安排等。第2章着重介绍海洋经济与海洋产业、产业网络模型和城市网络模型中的基础概念和基本方法。第3章重点结合海洋经济内涵和海洋产业界定，利用图与网络方法，构建了海洋产业网络模型。在构建海洋产业网络模型的基础上，根据海洋产业关联关系，建立城市网络模型描述城市间因海洋产业关联而产生的联系和相互影响。第4章海洋产业网络指标设计以反映海洋产业关联结构为基础，设计城市网络指标以反映城市间关联关系，研究城市间互相影响，明确城市在城市网络中的地位和作用。第5章和第6章对中国海洋产业网络和城市网络进行实证研究，以识别我国海洋发展水平和发展中的问题。第7章探讨了海洋产业集群与沿海城市的协同耦合发展的关系，试图探索和寻找海洋产业竞争力和沿海城市竞争力的途径。第8章对本书进行总结，提出进一步研究的方向。

本书在结构孕育和撰写过程中，得到山东大学赵炳新教授、中国科学院大学佟仁城教授的鼓励和帮助，山东大学博士研究生肖雯雯协助完成本书第4章和第5章，山东建筑大学刘娟老师协助完成本书第6章和第7章，在此表示衷心的感谢。同时，感谢山东省社会科学规划研究项目的资助，以及经济科学出版社给予的支持与合作。

目录 Contents

第1章　绪　　论

1.1　问题提出

近十多年来，越来越多的国家和地区不仅把发展海洋经济视为新的经济增长点，而且作为促进其经济转型和提升国际竞争力的国家战略。早在21世纪初，联合国就提出“21世纪是海洋世纪”的论断，认为海洋将成为国际竞争的主要领域。许多国家也相继出台了其海洋战略，如美国在2004年制定了《21世纪海洋蓝图》，欧盟在2006年发布了《欧盟海洋政策绿皮书》，而俄罗斯早在2001年就出台了《国家海洋政策》。中国则在2003年、2012年相继出台了《全国海洋经济发展规划纲要》和《全国海洋经济发展“十二五”规划》，其中《全国海洋经济发展“十二五”规划》明确指出要提升海洋传统产业、培育壮大海洋新兴产业、积极发展海洋服务业，将发展海洋产业提升到国家发展战略高度。在相关政策的推动下，近十几年，我国海洋产业发展迅速，成为我国经济的重要支撑，并已有了较为完善的海洋产业体系，主要的海洋产业取得了一定发展，为经济发展提供了必要的产业资源，也为我国GDP的增长贡献了重要力量。近年来，我国许多沿海省和地区积极实施海洋战略以促进经济持续增长和产业升级，海洋经济、蓝色经济区等也成为理论和应用研究中最为常用的术语，其中中国半岛蓝色经济区发展规划在2011年通过了国务院的批复，成为国家战略。

随着海洋经济的发展，海陆关系更为密切，海陆产业的互补性和关联性越来越强，海陆二元结构步入向海陆一体化转变的进程。与此同时，海洋经济的内涵和理念不断丰富，出现了现代海洋经济、沿海经济（coastal economy）和蓝色经济（blue economy）等内涵相近的若干新概念、新术语。需要特别指出的是，1999 年在加拿大 AVSL 举办的蓝色经济与圣劳伦斯发展论坛上，提出了蓝色经济的概念，凸显了这类新型经济可持续发展的理念。海洋战略的实施不断推进海洋经济的理论研究，取得了许多成果。但从已有文献来看，海洋经济理论研究尚处于起步阶段，部分研究成果初步涉及了海洋经济的一些基本理论问题，从环境、生态和绿色经济的视角研究海洋经济，认为海洋经济把海洋和技术创新融合在一起，是以海洋为基础的绿色经济，可以促进海洋保护和海洋资源的持续利用，以确保地球延续生存①。从已有成果看，海洋经济内涵涉及区域和产业两个基本层面：从区域视角看，海洋经济是海洋和海岸带/蓝色经济区相互协同所发生的所有经济活动的总和；从产业视角看，海洋经济是由开发、利用、保护海洋的海洋产业以及依赖/支撑海洋产业的相关产业组成的产业群。这些研究成果发展了海洋经济理论，将海洋经济概括为以海洋为基础，注重海陆协同一体化，可持续发展的绿色经济，是在某个特定区域形成的具有集群特征的新型经济形态。

但从理论的系统性、前瞻性和可操作性看，仍有诸多概念、方法问题需要深刻剖析、认识，主要有：第一，区域意义下海岸带/蓝色经济区的边界是模糊的，并无明确界定；第二，产业意义下海洋产业及其相关产业的界定不易把握，缺乏操作依据，最典型的案例之一就是某些空间上距离海洋很远，但在产业关联上却与海洋产业十分密切的产业的处理不易把握；第三，一个产业是否属于海洋经济的范畴以及在该系统中的地位，并非仅用简单的、定性的区域描述和产业特征描述就能够确定。这里，不仅要弄清楚人们把目光转向海洋的初衷和长远动机，也需要明晰海洋经济内部各类关联结构及其效应。这些基础问题既是海洋经济理论研究的起点，也是战略制定和规划的基点。海洋产业在理论研究上的缺失，必然在实践上给海洋经济战略的制定与实施带来困惑。

从以上分析可知，海洋经济的构成产业及产业间关联关系而且是区

① Huang K. "Establishing a capacity-building program for developing countries in the 'Blue Economy Initiative' of the EXPO 2012." OECD WORKSHOP, 2010.

域经济持续增长的重要源泉。海洋资源的竞争与海洋经济的发展是全球面临的一个新的课题，各类主体在发展模式的选择、基础性竞争资源获取、竞争规则与特征等方面都有着根本性差异。因此，研究海洋经济内涵及其产业关联虽然极具理论和现实意义，但同时也面临一些困难和挑战。主要表现在经典理论方法难以有效解决现实中迫切需要解答的问题，而近几年出现的新方法和理论也难以系统回答这些问题。在此背景下，本书以海洋经济为研究对象，从关联视角出发，重点研究海洋经济内涵、海洋产业关联关系，城市关联关系等，希望能丰富海洋经济理论和应用研究。

1.2 研究意义

发展海洋经济，是非均衡发展的重要举措；通过发展海洋经济，带动区域经济发展，实现从沿海向内陆地区、由发达地区向不发达地区逐步发展，最终实现区域经济非均衡协调发展。非均衡发展战略强调首先发展重点地区和关键产业以带动整个区域经济协调发展，最终实现提升区域竞争力目的。具体来说，存在关键产业、主导产业、集群战略等几种非均衡增长模式。

赫希曼（1958）在《经济发展战略》中提出，在国家发展过程中，在资源有限的情况下产业无法均衡发展，因此政府应确定需要优先发展的关键产业，重点关注这些关键产业的发展，在关键产业发展的基础上，带动其关联产业的发展，进而带动整个国民经济发展。其中，后向和前向关联都较高的产业是关键产业。对这些产业的扶持和发展，可以带动较多的产业共同发展，实现经济增长。美国经济学家罗斯托把经济发展划分为六个阶段，指出每个阶段的演进都以主导产业的发展为重点。他认为，经济增长之所以能够保持，是由于为数不多的主导部门的发展所带来的扩散效应所致。日本产业经济学家筱原三代平研究主导产业时提出了两基准理论，用收入弹性基准和生产率上升基准两个指标来选择主导产业。从罗斯托和筱原三代平的研究中可以看出，主导产业的研究单元是一个或几个产业。美国学者波特首次明确提出产业集群，对产业集群的概念进行了阐述，并基于产业集群研究了产业和国家竞争力。“钻石模型”将产业集群和国家（区域）竞争力结合起来，定性分析了产业集群与国家（区域）竞争力之间的关系。波特的集群理论把相互关联的产业链/群（而非单个产业）作为研究单元，提供了新的非均衡战略思考模式。

在非均衡战略发展过程中，出现了两个重要问题。一个是出现了新的资源形态：从原来单一的陆地资源发展为陆地资源与海洋资源并存；从有形资源发展到有形资源、无形资源并存，尤其是结构这种无形资源在区域经济发展中发挥着越来越重要的作用。另一个是研究的战略单元发生变化：从以一个或几个产业为战略单元发展到以相互关联的产业链/群为战略单元。新出现的这两个问题都涉及产业间关联关系及其结构。近年来，产业间关联关系成为学术界研究的热点领域，伊达尔戈（C. A. Hidalgo）等利用产品比较优势衡量产业距离，以此建立产品空间网络，在此基础上研究产业升级路径；阿西莫格鲁（Acemoglu）等通过产业间关联揭示由产业冲击导致总产出波动的机理，并构建了解释经济增长波动的新型分析框架。按林毅夫《新结构经济学》的观点，产业间关联关系其实质是一类新型经济资源。产业以及产业间的关联关系构成了产业网络，产业网络中产业（产品）间的关联关系可以用图与网络表示，其基本思想是产业以网络中的顶点表示，当产业间的影响超过某个临界值时，认为产业间存在关联，并以网络中顶点之间的边（弧）表示。从20世纪70年代起，许多学者致力于利用图与网络方法研究产业关联，提出多种建模方法，进一步推动了产业网络的应用。

本书根据社会经济可持续发展的时代要求，对海洋经济的概念和内涵作了全新的诠释和界定，将海洋经济的概念与模式扩展到整个经济体系，提出了界定的原则，将产业关联分析理论和图与网络理论应用到海洋经济内涵描述和海洋产业范围界定中，在此基础上建立区域网络，从这一新的视角来探索海洋产业内部以及海洋产业之间的复杂交互作用，并进一步讨论地区间的关联关系，分析区域关联关系及其变化。

这是对此前国内外产、学、研各界以地域和资源特征作为海洋经济界定基础的突破。无论在经济理论上，还是对未来建立海陆协同的新型经济模式都具有重要意义。

1.3 主要框架

本书设置以下8章以研究复杂网络视角下的海洋经济及其关联。

第1章，绪论。介绍本书选题背景、选题意义，目前国内外对该问题的研究现状，本书主要创新点及内容安排。

第2章，对本书相关的文献进行综述，主要综述海洋经济与海洋产业、产业网络模型和城市网络模型。

第3章，结合海洋经济内涵和海洋产业界定，利用图与网络方法，构建了海洋产业网络模型。在构建海洋产业网络模型的基础上，根据海洋产业关联关系，建立城市网络模型描述城市间因海洋产业关联而产生的联系和相互影响。

第4章，海洋产业网络指标设计以反映海洋产业关联结构为基础，设计相应指标。基于此，描述海洋产业关联结构的指标包括投入产出系数、基础关联指标、核关联结构指标、产业介数等指标。用以描述和刻画海洋产业关联结构，形成海洋产业关联结构效应指标体系。城市网络指标设计以反映城市间关联关系为基础，主要是研究城市间互相影响，明确城市在城市网络中的地位和作用。本书在城市网络中主要采用城市关联度、城市关联度中心性、城市介数中心性、城市接近中心性等指标描述城市网络中城市间关联关系。

第5章，海洋产业网络研究。根据本书提出的概念、构建的海洋产业网络模型和设计的指标体系，对中国海洋产业2000~2010年产业关联结构变化进行研究。根据实证结果，从产业视角提出了中国海洋经济发展的问题和建议。

第6章，海洋城市网络研究。以2000年和2010年投入产出数据为基础，依据海洋产业关联关系为建立城市网络模型，并根据实证结果从可持续发展、海陆一体化角度，提出中国海洋经济战略实施的问题和建议。

第7章，海洋产业集群与沿海城市的协同耦合发展是提升产业竞争力和城市竞争力的重要途径。本章从产业关联和空间聚集两个维度出发，识别海洋产业集群，设计海洋产业集群与沿海城市发展耦合的评价指标，以中国典型沿海省份山东省为例，基于投入产出数据和沿海城市海洋企业数据，研究海洋产业集群情况，并在此基础上，探讨海洋产业集群与山东省沿海城市发展的耦合关系。

第8章，结论与展望。总结本书研究的主要内容，得出主要研究结论。根据本书研究问题，指出研究的局限性。针对本书的局限性，提出下一步研究的重点，即研究展望。

1.4 主要创新点

本书提出海洋经济以海洋资源的开发为基点，但与海洋经济有显著不同，海洋经济是以海陆协同和可持续发展为核心理念的新型经济，其核心理念是海陆协同和可持续发展。基于可持续发展的时代要求，本书将海洋经济的概念与模式扩展到整个经济体系，提出了界定的原则。从政策制定的角度看，海洋经济概念的延伸，使人们的思考从海洋的开发、利用扩展到整个经济体系的健康、协调发展。

本书在深入分析可持续发展对经济增长及环境要求的基础上，从产业层面剖析了海洋经济的内涵，建立海洋产业网络和区域网络模型，提出了海洋经济关联结构效应的测度方法。本书创新点主要包括：

（1）建立海洋产业网络模型。

结合海洋经济内涵和海洋产业界定，本书利用图与网络方法，构建了海洋产业网络模型。海洋产业网络首先需要编制海洋产业投入产出表，量化产业部门间的关联关系，利用威弗指数找出产业间的强关联关系，过滤掉产业间弱关联关系。以产业对应网络中的点，以产业间关系对应网络中的边，在此基础上构造海洋产业网络模型。

（2）建立海洋城市网络模型。

在构建海洋产业网络模型的基础上，根据海洋产业关联关系，建立城市网络模型描述城市间因海洋产业关联而产生的联系和相互影响。城市网络模型以点对应城市，以边对应城市间联系。本书根据国民经济行业分类与代码（GB/T 4754－2011）明确海洋产业对应的相关企业，根据产业关联和相关企业总部及主要分公司城市分布情况确定城市间联系，在此基础上构建基于海洋产业关联的城市网络模型。

(3) 设计评价海洋经济的指标体系。

本书研究设计了衡量海洋产业结构和海洋经济发展的指标体系，提出了关联指标。用以描述和刻画海洋产业关联结构，形成海洋产业关联结构效应指标体系。在城市网络中主要设计地区关联度、地区关联度中心性、地区介数中心性、地区接近中心性等指标描述区域网络中地区间关联关系。

第2章　文献综述

2.1　新型经济文献综述

2.1.1　绿色经济

在可持续发展背景下，绿色经济近些年成为学术界和实业界的热门词汇，与绿色经济相关的研究成为学术界的热门课题。绿色经济最早见于1989年大卫·皮尔斯所著的《绿色经济的蓝图》，在该书中，作者对绿色经济的蓝图做了一定解释，但并没有给出明确定义。此后几年，绿色经济主要应用于环境经济学，研究成果主要集中在环境保护和改善，如迈克尔·雅各布斯（Michael Jacobs）等。在这些研究中，虽然对绿色经济有很多研究，绿色经济这一名词也多次出现在了政府报告中，但绿色经济的概念始终没有明确定义。

联合国在2007年公布了《绿色工作：在低碳、可持续的世界中实现体面工作》的工作报告，在该工作报告中首次给出了绿色经济的定义，即"重视人与自然、能创造体面高薪工作的经济"，这一定义自提出后已得到广泛应用。在2008年全球经济危机爆发后，各国经济增速放缓，在经济复苏过程中，绿色开始被各国政府重视，如提出"绿色增长""绿色复苏"等新词。2010年经济合作与发展组织也提出了8个关键经济议题，绿色经济研究进入一个新的时期。同年，联合国可持续发展大会将"绿色经济在可持续发展和消除贫困方面的作用"定为"里约+20"峰会的主题词之一，这说明绿色经济已成为经济发展和区域竞争力提升的关键因素。联合国开发计划署对绿色经济做了更明确的定义，即“带来人类幸福感和社会公平，同时显著降低环境风险和改善生态缺乏的经济”，该定义得到了广泛认同，此后常出现在学术研究和政府报告发展规划中。

目前，对绿色经济的研究主要集中在绿色经济发展战略、绿色经济发展评价、绿色经济效率、绿色经济发展中各方博弈等研究领域。绿色经济发展战略在政府报告中常有提及，学术界也对此进行了研究，如钱争鸣等（2013）、朱婧等（2012）、李正图（2013）。绿色经济发展评价研究包括绿色经济发展指数研究，绿色经济发展差异化研究等，如向书坚（2013）、叶敏弦（2014）。对绿色经济效率的研究主要是采用DEA方法、系统动力学模型等方法，如杨龙（2010）利用熵权法引入效率测度DEA模型，对我国29个省区市绿色经济效率进行了测度；汪克亮等（2013）运用省际版面数据对中国绿色经济效率进行了测算；赵领娣（2013）利用熵权方法刻画人力资本，利用Tobit模型研究能源、人力资本对绿色经济绩效的影响。

2.1.2 低碳经济

广义上讲，低碳经济是绿色经济的一种形式。研究低碳经济不得不提循环经济，循环经济出现较早，早在20世纪60～70年代，美国经济学家肯尼斯·E. 博尔丁（Kenneth E. Boulding）通过宇宙飞船理论提出循环经济，博尔丁在该理论中指出人口和经济的无序增长会使有限的资源耗尽，社会随之崩溃，唯一方法是实现资源循环，实现资源再利用。同时，为实现可持续发展，必须改变原有的经济增长方式，对资源实现循环利用。

资源循环利用是低碳经济的核心要求。低碳经济最早是在2003年英国政府报告中提出的，在《能源白皮书》中指出，低碳经济要求在经济发展过程中实现更少的自然资源消耗和更少的环境污染，获得更多的经济产出；低碳经济为提高生活标准和生活质量创造了途径和机会，同时能创造新的商机和为更多人提供更多的就业机会。在此之后，低碳经济成为政府报告和学术研究中常出现的术语。

从已有文献看，目前对低碳经济的研究主要包括低碳经济的战略、低碳经济的评价与发展进程、低碳经济对国民经济增长的影响、低碳经济的影响因素、碳排放转移等。例如，张兆国等（2013）提出低碳经济是一种制度经济，必须制订相应政策来促进低碳经济发展，并实证分析了税收政策、法律法规、财政政策等对低碳经济的影响；陈诗一（2012）基于松弛向量度量（SBM - DDF - AAM）分析模型，构建了低碳经济转型的动态评估指数，并对近三十年中国各省的低碳经济转型进程进行了实证分析，做了评估和预测；杨（Yang Laike，2010）在研究碳排放问题时，指出国家间商品贸易是碳排放转移的途径之一；胡（Hu Chuzhi et al.，2009）基于EKC模型，构建中国碳排放因素分解模型，实证分析了中国1990～2005年经济规模、碳排放和产业结构对碳排放的影响；杨颖（2012）利用数据包络分析方法（DEA）研究了低碳经济发展的效率，在此基础上提出发展低碳经济的政策法规等。

2.1.3 海洋经济

海洋经济是在绿色经济和低碳经济要求下，最具增长潜力的经济形式之一。有学者提出，21世纪是海洋的世纪，海洋经济发展和海洋产业水平也将是影响各国竞争力的重要因素之一。发展海洋经济是大势所趋，美国和欧盟都推出了海洋经济战略的详细政策规划，而我国国家海洋局以及国内的众多学者（杨金森、1990，徐质斌、2000，王淼、2003，王曙光、2004，等）也已经研究了我国海洋经济发展战略问题，并提出了海洋兴国、强国的重要观点，探讨了海洋经济发展的有效模式与具体思路。

发展海洋产业经济产业的重要性，如何发展海洋经济产业，这些问题，是在和陆地产业的技术联系和经济的联系中找到答案的。而大力发展海洋产业，通过海洋产业链的横向扩展与纵向延伸发挥的技术扩散和综合关联效应能实现区域整体产业素质的提升和经济整体活力的提高。从已有文献看，国外学者如勒霍尔姆（Rorholm，1967）研究了新英格兰13个海洋产业对区域经济发展的影响；蓬泰科尔沃（Pontecorvo，1980）研究海洋产业对美国国民经济的整体作用。后来，国外许多研究者开始探索海洋产业内在的联系，以及海洋产业对于经济发展的影响和意义，如卢格尔（Luger），吉思（Jin）等。国内的研究者在探寻海陆联动发展和海洋产业的关联时，一般使用的是灰色关联理论，例如，陈婉婷（2014）基于灰色关联理论对福建省海洋产业关联结构进行探究；常玉苗、成长春（2012）利用灰色关联分析方法研究了江苏经济与陆地和海洋产业关联效应；白福臣（2010）也应用它探索我国海洋产业发展的关联度，进一步探究我国海洋结构的逐步改变；秦月等也应用它对流域经济和海洋经济之间的联系多少进行了探究，发现流域经济和海洋经济的相关度，海洋第三产业和流域第三产业的相关度，海洋第三产业和流域第三产业的相关度，还有海洋主要产业和基本流域第二产业的相关度都非常大。

张海峰（2005）、叶向东（2008，2010）、孙吉亭（2011）等重点阐述了“海陆统筹”这一理念，指出海洋产业群的产生、发展和陆域的相关产业是互相支撑、相互促进发展的，海洋经济的发展层次可以反映出陆地的工业经济以及科技水平。而且更加深入地指出，海洋经济把海陆经济联系了起来，海陆产业在空间上来说，有着互相依赖的特点，比较明显的技术经济依赖性。同时由于集聚和扩散作用，可以促使内陆的经济和技术的成长，海陆产业的合作统一以及进一步完善不仅可以使海陆经济一体化的脚步更快，也能进一步使经济结构和类型向更好更合适的方向发展。

从目前对海洋经济的研究成果看，现在研究的“海洋经济”，事实上已经不再是“就海论海”，而是进入了新的层面，不仅强调了海陆一体化发展的重要性，还强调海洋产业经济和临海区经济结合，并开始将海洋经济发展提升到能在促进区域结构优化和产业升级发挥核心作用的高度进行研究，已有成果无疑具有重要的理论价值。

2.1.4 蓝色经济

随着海洋经济的发展出现的一些问题，仅仅依靠海洋是无法解决的，海洋陆地系统存在千丝万缕的联系，海洋经济发展中遇到的问题或许在海陆一体中可以找到答案。海陆产业系统之间存在着资源、产品和技术的依赖性，随着海洋经济发展的深入、海陆二元结构逐步向海陆一体化转变，海洋和陆地的联系越来越多，海洋和陆地的相关产业相互取长补短，发展过程中相互促进、共同发展。

“蓝色经济”（blue economy）是在1999年加拿大AVSL举办的主题为蓝色经济与圣劳伦斯发展的论坛上提出来的。在这以前，国内外研究者主要是研究海洋经济。20世纪中期，国外学者主要研究海洋产业对当地金融和经济发展的影响，如勒霍尔姆（1967），蓬泰科尔沃（1980）等。在我国，相关的研究起步较晚，20世纪末才开始有相关研究，如杨金森（1990）研究了我国海洋产业的发展情况。随着一些海洋政策的实施，海洋的相关研究开始被广泛关注。王诗成（1996）和蒋铁民（1998）开始把海洋产业定义为带动区域经济增长的重要产业，他们主张区域经济应该配合或是促进海洋经济的发展。从已有的研究成果可以看出，在该研究领域，国内外学者的研究有一定区别，国外学者主要是研究研究海洋对区域经济的影响和作用。我国学者主要采用灰色关联理论来研究海洋产业的关联关系，如陈婉婷（2014），常玉苗、成长春（2012），白福臣（2010）等。

随着海陆一体化、可持续发展等理念的发展，“海洋经济”无法较好地描述这一以海洋经济为基础，具有环境友好型、资源节约型、海陆结合的新型经济形态，在此背景下，出现了“蓝色经济”这一术语。该术语出现以后，越来越多的国家和地区逐渐意识到蓝色经济所包含的意义不仅仅是海洋经济，国内外许多学者开始对该术语进行探索。不过，现在蓝色经济并没有明确的定义，根据不同的研究视角和不同的研究目的，不同学者对蓝色经济的定义不同。根据已有资料，对蓝色经济的研究主要包括以下几种观点：

（1）蓝色经济是非均衡发展的一种战略模式。

在区域经济发展规划中，有几种重要的发展模式，如关键产业、主导产业、产业集群以及产业升级。这几种发展模式是非均衡发展的重要表现形式。关键产业理论的代表人物是赫希曼（Hirschman）。赫希曼（1958）在其著作《经济发展战略》中指出，非均衡发展是区域发展的重要形式。由于资源稀缺、企业家缺乏和平衡增长的不可行性等原因，在发展中国家和地区，当资本处于受限制的状况时，政府需要给核心产业更大的资金支持，进一步带动整个产业的进步和成长。他认为关键产业是前向关联和后向关联都较高的产业，因关联层级高，发展关键产业可以带动很多相关产业进一步发展，最终实现区域经济发展。因此，重点发展区域关键产业对调整产业结构，促进经济发展具有重要作用。

对主导产业的研究最早可以追溯到以亚当·斯密和大卫·李嘉图为代

表的古典经济学派，亚当·斯密和大卫·李嘉图的绝对比较优势理论以及相对比较优势理论主要研究对象是全球性贸易中有绝对和相对比较优势的行业。比较优势理论已经有了主导产业的思想。美国经济学家罗斯托的《经济增长的阶段》是主导产业的代表作。他在该书中提及，国民经济中不同部门经济增长率不同，有些经济部门对整个国民经济的带动作用强，有些部门带动作用弱。他把这些对经济影响作用大的部门定义为主导部门或者主导产业，在此基础上又进一步把产业部门划分成主导增长产业部门、辅助增长产业部门、派生增长产业部门。

产业集群的思想最早可以追溯到亚当·斯密（1776），但通常把马歇尔视为首次描述产业集群理论的经济学家。在研究产业集群的过程中，基于不同的研究视角和研究目的，学术界对产业集群这一术语有不同的界定和描述，英文文献中曾出现过 Local Clusters of Enterprises，Industrial Clusters，Local Industrial Systems，（New）Industry District 等相关术语；中文文献中曾出现过企业簇群、产业群、产业区、新产业区、地方企业网络等术语。这些术语体现出国内外学者对于产业集群认知的改变，也体现出产业集群内容多样。对产业集群的研究大概分为两个阶段：传统集群理论阶段和现代集群理论阶段。在传统集群理论阶段，以阿尔弗雷德·马歇尔（1890）为代表的一些学者阐述了外部经济理论。韦伯（1909）从工业区位理论入手，对产业集群现象进行了阐述。佩鲁（1955）提出了增长极理论，该理论在一定程度上丰富了产业集群的研究，根据增长极理论，一个地区如果要实现经济增长，需要对一些产业进行重点扶持，借助这些关联度高的产业带动相关产业发展，从而最终促使经济发展。20世纪70年代后，对产业集群理论的探索被定义为现代集群理论阶段。最具代表性的学者是迈克尔·波特（1998），他从竞争力视角探索了产业集群的成因。他指出产业集群是在某一特定领域内相互联系的公司和机构在地理位置上的集中，此后，该定义在学术界得到了广泛应用。

推进产业调整和经济转型、提升国家竞争力一直是发达国家政府和学者关注的焦点。产业升级（industrial upgrading）作为经济管理领域近些年兴起的热门概念和理论，内涵丰富分类众多。产业升级必然伴随着新技术、新产品、新思想、新组织形态的出现，常常表现为利润增加、增加值提高、价值创造、结构变化等。例如，杰雷弗（Gereffi，1999）从价值链视角研究产业升级，认为产业升级有着自低水平、低附加值状态逐步向高技术水平、高附加值变化的规律。从宏观层面看，产业升级表现为产业结构高端化，即随着经济水平的提高，第一产业占比减少，第二产业占比保持不变，第三产业占比增加。

无论是以上哪种经济发展战略模式，都在一定程度上研究了区域中某些优势产业的优先发展对于整体区域经济发展的贡献作用；关键产业理论和主导产业理论以产业为基本战略单元，讨论了产业之间的联系在区域经济发展里的突出作用，可以称作确定战略（关键）产业的主要标准。而产业集群理论和产业升级理论则以集群为基本的战略单元，研究了集群中产业与企业及其相互关系构成集群的主要元素，丰富了非均衡发展战略。

赵炳新等（2015）指出发展蓝色经济实质上是非均衡战略的一种。在海陆协同及一体化发展背景下，蓝色产业关联程度逐渐加强，蓝色产业与陆地产业关联强度增加。发展蓝色产业，增大蓝色产业的辐射范围，以蓝色产业带动经济系统内其他产业发展，沿海地区通过蓝色产业的带动辐射作用带动内陆地区发展，进而实现整个区域经济发展。同时，蓝色经济发展是集群经济发展，蓝色产业是相关产业形成的一个产业簇，该蓝色产业簇的发展升级，将实现相关产业集群升级，进而带动区域经济发展。

（2）“蓝色经济”是可持续的“海洋经济”。

在已有的关于“蓝色经济”文献和报告中，“海洋经济”和“蓝色经济”总是被笼统地、不加区分地使用。而中国国家标准化管理委员会对海洋经济的界定是：“开发、利用和保护海洋的各类产业活动，及与之相关联活动总和”。2012 年中国国家海洋局副局长王宏强调，蓝色经济是可持续发展的海洋经济，是目前经济发展的一种新理念，其意义是在海洋经济发展的同时，保护好海洋生态系统，实现资源环境的可持续利用。

（3）蓝色经济比海洋经济的内容更丰富，是区域经济。

2009 年胡锦涛在山东视察时强调：“要大力发展海洋经济，科学开发海洋资源，培育海洋优势产业，打造山东半岛蓝色经济区”，把建设蓝色经济区上升到发展战略高度。隋映辉（2004）指出蓝色经济区是陆海的融合，缩短了区域经济社会体现在空间上的距离，构建了新型经济状态和集群带发展空间。林强（2010）指出，蓝色经济可以认为是直接开发、保护和利用海洋经济活动的总和，但具有更丰富的内涵和外延，并指出蓝色经济不但包括海洋经济和临海经济，也有涉海经济和海外经济。何广顺（2013）强调，蓝色经济是在可持续利用海洋空间和资源的基础上，依照生态系统途径，借助技术创新，发展海洋和海岸带经济的总和。

（4）认为“蓝色经济”是“绿色经济”的组成部分。

美国国家海洋大气局局长卢步琴科（Lubchenco）首次将“蓝色经济”定义为“蓝色的绿色经济”。UNEP等国际性的机构阐述了蓝色经济中的绿色经济的思想，提倡支持低碳环保，发展能源高效的航空运输，渔业，以及海洋旅游业。联合国经济和社会事务副秘书长沙祖康指出，绿色经济中包括蓝色经济，未来经济能否实现可持续发展，其决定因素是健康的海洋以及生态系统。韩国海事研究所所长Kee-Hyung Hwang认为蓝色经济是绿色经济在海洋上的体现，是新技术新科技在海洋经济上的体现，更确切地讲，蓝色经济以高科技为基础推动了海洋的可持续利用和海洋经济的可持续发展。卢步琴科（2009）把蓝色经济的意义进一步明晰，把其中的“蓝色”表述成“蓝色和绿色的融合（Blue-Green）”，也就是可持续性不仅体现在环境上，同时体现在经济上。

根据这些学者的观点可以看出，蓝色经济虽然以海洋经济为基础，但和海洋经济有明显区别。蓝色经济是在可持续发展和海陆一体化背景下发展起来的一种新型经济，海洋经济是它的基础，但是它比海洋经济相比有着更多的内涵，不仅包括海洋经济、临海经济、临港经济、海岛经济，同时也有海陆协同合作思想，并在其中融入了环保和可持续发展等理念。

从系统论的视角看，蓝色经济不仅是经济系统的一个子系统，而且是经济系统的一种新形态。蓝色经济是经济系统由陆地向海洋的延伸，既包括陆地资源向海洋资源的延伸，又包括经济活动由陆地空间向海洋空间的延伸，是海陆系统的高度融合。

从研究内容来看，研究成果主要集中在蓝色经济与经济增长战略、投资与产业升级、可持续发展和就业、工资等领域，考察蓝色经济对就业、投资、经济增长战略的影响。近年来，也有文献从环境、生态可持续等方面对蓝色经济进行研究。

2.2 产业网络文献综述

2.2.1 产业网络概念

20 世纪 90 年代末以来，国际互联网迅猛发展，人类社会快速进入网络时代，形成了虚拟空间的全球化，并推动了经济、政治、文化、社会等全球化进程。网络时代，市场经济进一步突破了空间约束，经济主体间关系越来越密切，基于网络的新兴经济模式不断涌现，商业模式与竞争战略也随之演化，网络成为经济生产的普遍现象，体现了经济发展的本质特征，在经济领域发挥着越来越重要的作用。

产业网络是经济网络的一种，反映了产业/产品间普遍存在的经济技术联系和供需关系。基于产业网络，根据产品与企业的映射关系，可以构建反映企业间关联关系的企业网络，根据企业与地区的映射关系，可以构建反映地区间关联关系的地区网络，从而揭示出经济系统内产业、企业及地区三类不同主体间的关联关系。因此，基于产业网络，综合考虑三类主体间关联关系，从全球化视角制定战略，已成为国家、地区和企业参与竞争、实现增长和发展的主要形式。主要表现为以产业关联为基础，通过优先发展关键产业或关键产业群（链）形成主导产业或产业集群，以提升其竞争力和实现可持续发展；通过贸易政策、关税政策、财政政策、货币政策等的制定，形成不同国家或地区间产业/产品的密切关联关系，促进区域协同及区域经济合作，实现区域经济增长；基于产业关联，研究经济危机在世界经济系统扩散的根本动因，从而通过贸易政策、产业政策制定，减少经济波动，促进经济发展；以产业关联为基础，通过联盟或一体化战略形成全球（区域）价值链（网），以保持竞争优势等。下面简要介绍产业网络的典型例子及代表性应用。

2.2.2 产业网络建模

产业网络模型以产业为顶点，以产业间关联为边建立网络图，不仅研究产业间两两关联的强度对产业网络的影响，也研究产业关联结构与（子）网络结构对产业网络的影响。目前，产业网络理论一般是基于投入产出表展开的。但与经典的投入产出理论不同，产业网络不是一种二元分析理论。

（1）基于定性投入产出方法构建产业网络模型。

定性投入产出分析（QIOA）的基本原理是在国家投入产出框架下区分重要和不重要的中间商品流。为了实用的目的，只考虑那些超过一定内生滤值的投入。该方法把产业间交易的相对或绝对重要性的定量信息转化为定性信息。一方面虽然这样丢失了一部分信息，但另一方面可以把所需相关投入流的选择和创造性见解转化为中间购买和销售关系的核心结构。在数学上，对产业 i 和产业 j 间的投入流做了二进制转换。以蒂策（Titze，2011）年在论文“The identification of regional industrial clusters using qualitative input-output analysis（QIOA）”对该方法的描述为例，说明基于定性投入产出分析方法如何构建产业网络模型，其建模步骤如下。

①得出邻接矩阵 W。

如果投入流 s_{ij} 超过一个滤值 F，就给它赋值1，否则赋值0。这样就把一个基本的投入产出表转换成了邻接矩阵 W：

$$w_{ij}=\begin{cases}1, s_{ij}>F\\0, s_{ij}\leqslant F\end{cases} \tag{2-1}$$

该方法主要关注产业间关联关系。基于此目的，研究产业间（$i=j$）的关联关系是第二重要的内容。因此，把矩阵主对角线上的元素设为0。则基本问题是确定滤值 F 的最佳阈值是什么？这涉及哪一个投入流是相关的。本书利用最小流分析法（MFA）寻找最佳滤值 F_{opt}。该方法是由施纳布尔（Schnabl，1994）提出的。最佳滤值需要通过迭代过程计算得出。

②将交易矩阵进行欧拉序列分解。

第一步是对投入产出信息分层。

$$x=C\cdot y=(I+A+A^2+A^3\cdots)\cdot y \tag{2-2}$$

该表达式是重要的，其中，C 是里昂惕夫逆矩阵，x 是总产品列向量，y 是总需求列向量。其中，里昂惕夫逆矩阵可以写作欧拉序列，I 是单位矩阵，A 是直接消耗系数矩阵。

真正的总需求向量 y 可以用虚拟向量代替，这体现了该方法的潜力。使用真正的总需求向量，中间商品流的绝对值变成研究焦点；然而使用虚拟向量，产业间交易的相对重要性决定了相对阈值和投入流。选择使用虚拟向量，因为计算出的结构可以反映技术关系和产业间的相对重要性。对角化后，虚拟向量与单位矩阵 I 对应。真正的需求向量会扭曲希望得到的技术结构（Schnabl，1994）。

下一步是根据里昂惕夫逆矩阵的分解，以及借助欧拉序列，设计一系列交易矩阵。得到交易矩阵 T，交易矩阵 T 是直接消耗系数矩阵与主对角矩阵 $\langle x\rangle$ 的乘积，即：

$$T = A \cdot \langle x \rangle \tag{2-3}$$

得到每层：

$$\begin{aligned} T_0 &= A \cdot \langle y \rangle \\ T_1 &= A \cdot \langle A \cdot y \rangle \\ T_2 &= A \cdot \langle A^2 \cdot y \rangle \\ T_3 &= A \cdot \langle A^3 \cdot y \rangle \\ &\cdots\cdots \end{aligned} \tag{2-4}$$

③计算各层的邻接矩阵 W_k。

直接消耗系数的求幂运算一直进行到矩阵 T_k 中的元素 t_{ij}^k 都小于滤值 F。这种转化可得各层的邻接矩阵 W_k：

$$w_{ij}^k = \begin{cases} 1, t_{ij}^k > F \\ 0, t_{ij}^k \leqslant F \end{cases} \tag{2-5}$$

④计算 k 步距离的关联矩阵 W^k。

利用式（2-6）可以把里昂惕夫逆矩阵中的定量信息转化成邻接矩阵中的定性信息：

$$w^k = \begin{cases} W_k \cdot W^{k-1}, k > 0 \\ 1, k = 0 \end{cases} \tag{2-6}$$

W^k 代表不同层次的邻接矩阵 W_k 之间的联系，随着 k 值的增加，产业 i

和产业 j 之间的中间商品流的关系越弱。

⑤得出关联矩阵 D。

下一步是通过把 W^k 相加，计算所谓的关联矩阵 D。此处使用布尔加（用#表示），通过布尔加可以知道直接、间接关联是否存在，但不知道需要多少步能完成过滤标准：

$$D = \#(W^1 + W^2 + W^3 + \cdots) \tag{2-7}$$

⑥得出连通性矩阵 H。

最后得到连通性矩阵 H：

$$H = D + D' + D \tag{2-8}$$

式（2-8）可以为两个产业间的关联提供信息。因为矩阵 D 中的元素取值为0或1，所以连通性矩阵 H 中的元素大小处于0到3之间。元素 h_{ij} 大小的意义可以被阐释为：

$h_{ij}=0$，产业 i 和产业 j 之间不存在关联，产业 i 和产业 j 是孤立的；

$h_{ij}=1$，产业 i 和产业 j 之间存在弱关联，例如，从产业 i 出发到达产业 j，“走”了一个错误的方向；

$h_{ij}=2$，产业 i 和产业 j 之间存在单向关系，即产业 i 供给产业 j；

$h_{ij}=3$，产业 i 和产业 j 之间存在双向关系，即产业 i 供给产业 j 同时产业 i 从产业 j 得到供给。

⑦确定最终阈值 F。

根据研究目的，单向关系和双向关系是重要的。根据式（2-5），可以看出滤值 F 的大小决定着单向和双向关系。那么回到原来的问题上：什么样的滤值 F 是合理的？使用最小流分析（Schnabl，1994）建议使用香农和韦弗（Shannon & Weaver，1949）的方法；使用连通性矩阵 H_{res} 元素的平均值。

其一，根据熵最大确定阈值。

根据香农和韦弗（1949）的方法，最佳滤值 F 是通过最大化连通性矩阵 H 中的元素而计算得到的。为此，用到熵 E，熵可以表达特定时刻分布的变化（Frenken，2007）。用到投入产出表上，熵指的是直接消耗系数选择随意性的程度，通过偏态分布来反映。偏态分布反映了一种状态，在这种状态下，直接消耗系数几乎没有不同，而平坦分布反映了直接消耗系数变化很大的情况（Frenken and Nuvolari，2004）。如果根据阈值，直接消耗系数就可以被分成几组，熵可以看作一个很好的指标来确定产业间关系的重要性程度（Schnabl，2000）。当每个元素出现的概率相同时（此处指1，2，3出现概率相同时），熵 E 达到最大值。从一个低阈值开始，高比例的单向（$h_{ij}=2$）和双向（$h_{ij}=3$）关联可以识别出来。随着阈值增大，双向关系变成单向关系或弱关系（$h_{ij}=1$）。阈值达到最大后，所有的关系都变成孤立的（$h_{ij}=0$）。为了确定熵 E，首先需要计算最终滤值 F_f。这打破了最后的双向关系（$h_{ij}=3$）。其次把滤值分为50个距离相等的滤值 l。最后，根据式（2－10）计算这50个阈值下的熵 E_l。

$$E_l = \sum_n (pl_n \cdot \log_2(1/pl_n)) \tag{2-9}$$

其中，n 为 h_{ij} 的取值范围，pl_n 为 h_{ij} 每一值所对应的概率。

最佳滤值 l 代表最大熵 E：

$$\max E_l \ \forall\, l = 1, \cdots, 50 \tag{2-10}$$

其二，使用连通性矩阵 H_{res} 元素的平均值确定阈值。

最大化熵值一般可以得到明确结果，但平坦分布有时很难把最大值分配给滤值。因此，施纳布尔（1994）提出使用另一种方法来确定最佳滤值，以此得到一个获取内生阈值更稳健的方法。现在使用元素 h_{ijres} 的平均值，而元素 h_{ijres} 是从连通性矩阵 h_{res} 得到的：

$$h_{res} = (\sum_{k=1}^{50} H_l) - 100 \tag{2-11}$$

h_{res} 表示产业间关联关系结构中的级别，因此，特别关注强单向关系和双向关系，目的是合理减少产业间的关联。最佳滤值步数 l_{opt} 由大于0的元素 h_{ijres} 加和得到。

对这两种计算方法得出的滤值取平均数，该平均数就是最佳滤值。

（2）基于图与网络构建产业网络模型。

图与网络提供了一种用抽象的点和线表示各种实际网络的统一方法，因而也成为目前研究（复杂）网络的一种共同语言。这种抽象有两个好处：一是使人们透过现象看到本质，通过对抽象的图与网络的研究得到具体的实际网络的拓扑性质；另一个是使人们可以比较不同网络拓扑性质的异同点并建立研究网络拓扑性质的有效算法（汪小帆等，2012）。图与网络在产业经济学中的应用首先体现在用网络图与网络来描述产业和产业间的关联关系，用顶点表示产业，用边表示相应两个产业间具有某种关联关系。在此基础上，以图与网络为技术基础拓扑产业间的关联关系和关联结构，进而研究这些拓扑性质对产业相关问题的作用和影响。

图 G 常用有序三元组（$V(G)$，$E(G)$，$\psi(G)$）定义，其中 $V(G)$ 是一个非空顶点集 $V=\{v_1, v_2, \cdots, v_m\}$，$E(G)$ 是不与 $V(G)$ 相交的边集 $E=\{e_1, e_2, \cdots, e_n\}$，$\Psi$ 是关联函数，它使 G 的每条边对应于 G 的无序顶点对。

若 e_{ij} 是一条边，v_i 和 v_j 是使 $\Psi_G(e_{ij})=v_iv_j$ 的顶点，则称 e_{ij} 连接 v_i 和 v_j，e_{ij} 可以由它所连接的点表示，记作：$e_{ij}=[v_i, v_j]$ 或 $e_{ij}=v_iv_j$；顶点 v_i 和 v_j 称为 e_{ij} 的端点，称 v_i 和 v_j 邻接，v_i 或 v_j 与 e_{ij} 关联。不与任何节点相邻接的点称为孤立点；只与一个条边相关联的点称为悬挂点；如果两条不同边 e_1 和 e_2 与同一个结点关联，则称 e_1 和 e_2 邻接；若一条边与两个相同的节点相关联则称为环；与两个节点相关联的边若多于一条，则称这些边为多重边。

按照边的方向性，可以将图分为无向图和有向图：无向图中 Ψ 使 G 的每条边对应于 G 的无序顶点对，即边 e 不具有方向性，若 $e_{ij}=[v_i, v_j]$，顶点 v_i 和 v_j 既是 e_{ij} 的起点，也是终点。有向图中 ψ 使 G 的每条边对应于 G 的有序顶点对，即边 e 具有方向性，若 $e_{ij}=[v_i, v_j]$，顶点 v_j 是 e_{ij} 的起点，v_j 是 e_{ij} 的终点，e_{ij} 是由 v_i 指向 v_j 的。它表示两个对象之间关系的方向性，若两个研究对象之间关系具有明确的指向性，则为有向图，反之为无向图。

按照边的种类，可以将图分为简单图、多重图、有权图和无权图：不含环与多重边的图为简单图。含有多重边的图为多重图。有权图是指图中每条边都赋有相应的权值，权值的大小表示两个点之间连接的强度；无权图则相反，图中每一条边上不赋权值，图中任何两个节点之间的连接强度相同无差异。

子图（subgraph）是指对于图 $G=(V, E)$，若存在 $G'=(V', E')$，其中 $V'\subseteq V$ 和 $E'\subseteq E$，且对 E' 中任意的一条边 $e_{ij}=\{v_i, v_j\}$，都有 $v_i\in V'$ 且 $v_j\in V'$，则称 G' 为 G 的子图。

如果 $V'=V$，则称 G' 是 G 的支撑子图或生成子图。当 $E'\neq E$ 或 $V'\neq V$，

称 G' 为 G 的真子图。

子图又分点导出子图和边导出子图，点导出子图 $G[V']$ 是以 N 的一个非空子集 V' 作为点集、以两端点均在 V' 中的所有边为边集的子图；边导出子图 $G[E']$ 是指以 E 的一个非空子集 E' 作为边集、以 E' 中边的所有端点作为点集的子图。

设 G_1 和 G_2 都是 G 的子图，若 G_1 和 G_2 没有公共点，则它们成为图 G 的不相交子图，若 G_1 和 G_2 没有公共边，则它们成为图 G 的边不重子图。

设子图 $G_1=(V_1, E_1)$ 和 $G_2=(V_2, E_2)$ 为可运算的，则：

子图 G_1 和 G_2 的并（$G_1 \cup G_2$）是指以 G_1 和 G_2 点集的并（$V_1 \cup V_2$）为点集，以 G_1 和 G_2 边集的并（$E_1 \cup E_2$）为边集的子图。

子图 G_1 和 G_2 的交（$G_1 \cap G_2$）是指以 G_1 和 G_2 点集的交（$V_1 \cap V_2$）为点集，以 G_1 和 G_2 边集的交（$E_1 \cap E_2$）为边集的子图。

图的矩阵表示。现实世界网络规模的不断扩大给图论分析带来了新的挑战，计算机技术的迅速发展，为我们研究网络时代的图论带来了便利。如何将图用计算机表示成为面临的重要问题，解决这一问题最常用的方法是用矩阵来抽象图中节点和边之间的关系，进而运用计算机技术来分析计算网络图。

用矩阵表示图，首先需要对图的节点和边进行编号，以规定它们之间的某种顺序。一般表示图的矩阵有：关联矩阵、邻接矩阵和权矩阵。

①关联矩阵：设 $G=(V, E)$ 的顶点集和边集分别为 $V=\{v_1, v_2, \cdots, v_m\}$，$E=\{e_1, e_2, \cdots, e_n\}$，用 b_{ij} 表示顶点 v_i 和 e_j 之间关联性，当点 v_i 与边 e_j 关联时，$b_{ij}=1$，反之，$b_{ij}=0$，则称矩阵 $B(G)=(b_{ij})_{m\times n}$ 为 G 的关联矩阵。在关联矩阵 $B(G)$ 中，每一列元素之和均为 2，每一行元素之和等于对应顶点的度数。

有向图的关联矩阵表示与无向图不同，在有向图 $G=(V, E)$ 中，设其顶点集和边集分别为 $V=\{v_1, v_2, \cdots, v_m\}$，$E=\{e_1, e_2, \cdots, e_n\}$，用 b_{ij} 表示顶点 v_i 和 e_j 之间关联性，当边 e_{ij} 以点 i 为箭尾时，$b_{ij}=1$，当边 e_{ij} 以点 i 为箭头时，$b_{ij}=-1$，否则 $b_{ij}=0$，称矩阵 $B(G)=(b_{ij})_{m\times n}$ 为有向图 G 的关联矩阵。

②邻接矩阵：设 $G=(V, E)$ 的顶点集和边集分别为 $V=\{v_1, v_2, \cdots, v_m\}$，$E=\{e_1, e_2, \cdots, e_n\}$，用 a_{ij} 表示顶点 v_i 和 v_j 之间的关联性，若顶点 v_i

和 v_j 邻接，则 $a_{ij}=1$，否则 $a_{ij}=0$，称矩阵 $M(G)=(a_{ij})_{m\times m}$ 为 G 的邻接矩阵。

有向图的邻接矩阵表示与无向图也不相同，在有向图 $G=(V,\ E)$ 中，设其顶点集和边集分别为 $V=\{v_1,\ v_2,\ \cdots,\ v_m\}$，$E=\{e_1,\ e_2,\ \cdots,\ e_n\}$，用 a_{ij} 表示顶点 v_i 和 v_j 之间的关联性，若有边从顶点 v_i 连向 v_j，则 $a_{ij}=1$，否则 $a_{ij}=0$，称矩阵 $M(G)=(a_{ij})_{m\times m}$ 为有向图 G 的邻接矩阵。

无向图的邻接矩阵 $M(G)$ 是对称的，有向图则不一定；无自圈图的邻接矩阵 $M(G)$ 的对角线都为0，反之对角线上有非0元素；无环图的邻接矩阵 $M(G)$，顶点的度等于 M 中对应行或列中的1的个数；图 G 是分离图，且有两个分支 G_1 和 G_2，那么它的邻接矩阵 $M(G)$ 能划分成分块对角矩阵。

在邻接矩阵 $M(G)$，若 $a_{ij}=r$ 且 $r\subset(0,\ \infty)$，则说明存在从节点 v_i 到 v_j 的长度为 r 的边，或者说从节点 v_i 到 v_j 存在 r 条长度为1的路径。若 $k\in N$，则 M^k 为 M 的任意正整数次幂，令 a_{ij}^k 表示 M^k 的第 i 行第 j 列元素，它等于 G 中从 v_i 至 v_j 的长度为 k 的路径数。

③权矩阵：对图 $G=(V,\ E)$ 的每一条边 e_{ij}，可以赋一个实数 $w(e_{ij})$，简记为 w_{ij}，称为 e_{ij} 的权，则 G 连通它边上的权称为赋权图，则可构造矩阵 $A=(a_{ij})_{n\times n}$，其中 $a_{ij}=\begin{cases}w_{ij} & e_{ij}\in E\\ 0 & \text{其他}\end{cases}$，称矩阵 A 为网络 N 的权矩阵，如图2-1所示。当 G 为无向图时，权矩阵为对称矩阵。

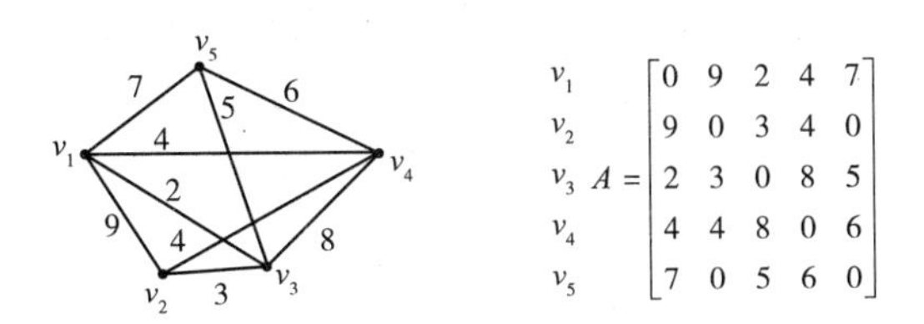

图2-1　权矩阵表示

现实中存在着大量的真实复杂系统，在研究这些复杂系统的结构时，简单的图与网络无法满足需要，需要用到复杂网络。复杂网络的定义角度主要有两个：一种认为复杂网络就是复杂系统的基本结构，即复杂系统的抽象结构就是复杂网络，这种观点的基本理论依据是系统功能是由系统结构决定的；另一种观点认为复杂网络是一种方法，是用以研究复杂系统的有效方法，它关注的是系统中元素相互作用进而形成的拓扑结构，通过研究拓扑结构和拓扑性质，可以描述和解释复杂系统的性质和功能。

从 18 世纪开始，人们在用网络描述系统时，都是假定网络结构是规则的，网络中任意两个节点之间依靠既定的规则进行联系。到 20 世纪 50 年代末，数学家保罗·埃尔德什（Paul Erdos）和阿尔弗雷德·雷尼（Alfred Renyi）提出完全随机网络模型——ER 随机网络，即网络中任意两个节点间连边与否是随机的，其后 40 多年中，人们认为随机网络比规则网络能更好地描述现实系统。20 世纪末，在计算机技术和互联网技术的快速发展背景下，学者发现大量的真实网络具有与前两者皆不同的统计特征的网络，即真实网络具有的小世界特征和无标度性质以及其他特性，并提出了一些网络模型来描述和反映网络特性，如确定性无标度网络模型，确定性小世界网络模型以及局域世界演化网络模型，等等。

复杂网络既是一种建模技术，也是一种一般方法。我们借鉴复杂网络理论来构建产业网络的相关概念。在产业网络中，当产业节点和产业联边达到一定规模时候，产业网络可以用复杂网络的方法和指标来描述。产业网络的复杂性主要体现为：第一，产业节点与关联的复杂性。一方面，产业节点本身固有的复杂特性，如在众多产业节点中，如何评价与研究网络中产业节点的价值，从而进一步以刻画和识别主导产业、关键产业等产业经济问题。另一方面，产业节点嵌入系统中所表现出复杂特性，即由于系统的关联结构特性所引发的节点产业行为。当节点产业所处的关联关系与关系结构产生或消失时，会引发节点产业特性的改变。第二，随机性。产业关联的动态变化中有一定随机性，这些变化具有偶然性但遵循着一定统计规律，如新产业在网络中的出现位置问题。第三，产业网络的动态性。考虑时间因素时，产业网络又是一个动态演化网络，从网络上表现为新的产业节点增加、产业联边的变化、产业节点的退出等，从而相应地研究与确定产业网络中的新兴产业以及研究落后产业的淘汰与退出等问题，相信这些相关问题的探索将使得我们的后续研究工作更有价值。

2.2.3 产业网络应用

（1）全球价值链。

全球价值链是指由分布于全球多个国家的构成特定产品最终价值的所有价值环节按产品生产流程连接形成的有向链条。一般来说，全球价值链涉及的经济体至少分布于两个大洲，若经济体局限于特定大洲内部，则形成区域价值链，局限于国家内部，则形成国家价值链。

全球价值链源于20世纪80年代的价值链概念。波特（Porter，1985）针对垂直一体化公司最先提出价值链概念，强调单个企业的竞争优势，后来他把研究视角扩展到不同公司之间，提出价值体系（value system）概念，为全球价值链的提出奠定了一定基础。同期，科格特（Kogut，1985）提出价值增加链（value-added chain）概念，认为价值增加链是厂商把技术与投入的原料和劳动结合起来参与全球的产品生产、市场进入、产品销售的增值过程，更能反映价值链的垂直分离和全球空间再配置之间的关系。杰雷弗（1994）在价值链和价值增加链基础上，发展出全球商品链（GCC）概念，全球不同企业在产品的设计、生产和营销组成的价值链中展开合作，被认为是研究全球产品网络的一类新工具。在GCC基础上，杰雷弗（2001）提出全球价值链概念，从而基于网络，在全球范围内，分析产品实现完整过程中各环节，包括技术研发与设计、生产、销售和售后服务所创造的价值。

全球价值链本质上是由产品价值创造主体所形成的关系网络，既反映了经济主体间的垂直关联，也描述了经济主体间的横向关联，同时也刻画了构成最终产品的各中间品的关联关系，形成了由价值创造贯穿始终的产品网络；全球价值链囊括了产品间、经济主体间及区域间三层关联耦合的思想，广泛应用于价值创造各环节价值分析、价值链上各企业治理分析、产业升级、集群运作等，利于国家、地区和企业价值共创及竞争力的提升。美国苹果公司iPad产品的全球价值链分解，体现了产品价值创造的过程及地域分布，在此基础上可以进行详细分解，形成描述其价值创造过程和地域分布的组织网络及产品网络。因而，全球价值链形成的动力是价值创造，形成的基础是产品间上下游关联关系，反映了产品间供需及经济技术联系，本质上形成了跨区域的组织网络和产品网络。

（2）产业集群。

早在20世纪70年代，就有学者把集群理论用于经济学，提出了产业集群的概念。90年代美国哈佛商学院教授波特在《国家竞争优势》一书中重提产业集群，用产业集群理论分析一个国家或地区的竞争优势，兴起了产业集群理论与应用研究的热潮。

很多学者已经试图澄清不同集群政策的适用范围（Boekholt 1997，Jacobs and De Man 1996，Roelandt et al. 1997，Rosenfeld 1995，1997）。当然，大部分的重点是如何定义集群。Boekholt（1997）展示了不同的集群定义如何意味着不同的发展战略。他开发了一种集群措施的类型学，这种类型学基于这些政策是如何定义的：①集群企业之间协作关系的类型，如简单的买家—供应商关系VS知识/技术转移；②集群中企业和行为主体的类型，如单纯的企业VS企业和支持机构；③适当水平的聚集，如微观VS宏观；④企业在价值链中的位置，也就是说，水平、垂直或横向的；⑤干预的适当空间水平，如地方、区域、国家、国际；⑥具体的政策机制，一般业务支持、网络经纪、技术转移、信息提供等。类型学有助于对快速增长的政策应用进行分类，从在纽约与仓储和配送有关的联合设备的发展（Held，1996），到奥地利电信业规制的改革（Peneder and Warta，1997）。类型学也有助于厘清相关概念之间的差别，如集群和网络（Rosenfeld，1997）。

罗埃兰德等（Roelandt et al.，1997）提出另一种类型学，这种类型学基于一系列可能的分析水平，即宏观、中观和微观。在国家层面，集群被看作与整个宏观经济相关的广泛的产业群体。在这个层面上，相关的集群分析包括产业专业化模式研究和综合创新过程检测。在产业（或中观）层面，集群构成终端市场产品的扩展价值链（通过行业间和行业内的模式联系来显示）。集群分析在中观层面包括最佳实践标杆和集群特定技术采用和创新过程的研究。最终，在企业（或微观）层面，集群被看作一个或几个关联企业，包括它们重要的几个特定的供应商。微观层次的集群分析包括需求评估，评估与很多因素有关，包括网络、与其他类型的企业间合作、供应链的分析和管理（如检查买家—卖家合同）、业务发展设计（也许涉及市场、招聘和创业战略）。显然，这种分析类型意味着不同类型的政策干预，从在国家层面的框架条件和一般技术政策的建立到微观层面的网络措施和业务发展。

不管怎样分类，所有的集群政策，都有两个重要且相关的目标：资源定位和资源利用。国家和区域经济的产业集群分析可以帮助政策制定者确定稀缺资源应该用到哪些地方，而不是以一种分散射击的方式寻求经济发展，集群可以帮助战略制定和投资。这个目标在具体的集群措施中表现得更加明显。但更重要的是，集群可能会通过鼓励协同效应和外部经济，利用发展资源，实现集群自身收益递增。为了更好地实现目标，我们需要深入了解集群是如何运作的，协同效应的具体类型是什么，以及（事实上，如果可以的话）协同效应是如何培养的。这些问题应该是集群理论的主题。不幸的是，产业集群理论的辩论在一定程度上被限制了。如果有一个（新的）集群理论，那么将是一个"旧的"发展理论的融合，而不是一个关于集群成长和发展的独立的模型。

波特认为产业集群是由与某一产业领域相关的相互之间具有密切联系的企业及其他相应机构组成的有机整体。尽管波特的理论（1990）因为应用模糊而受到批判，但是，波特的理论是讨论产业集群融入区域发展框架的起点。《国家竞争优势》已经在国家和区域层面的激发了政策兴趣。费泽（Feser，1998）指出波特提供了一个全面的框架来说明区域分析的一般趋势是什么。即研究企业、产业和公共、准公共机构之间的依存关系是怎样影响区域集聚的创新和增长。更具体地，区域集聚文献越来越集中于研究相互关系的社会和文化维度，而不是企业之间更传统的经济和技术联系（Hassink，1997；Malmberg and Maskell，1997）。

波特的思想与近期的增长和贸易理论也是一致的，该理论强调社会收益递增的作用和随之而来的产业活动在空间上的聚集。尽管这些思想也有一定历史，值得注意的是，那些不关心空间问题的经济学家开始在他们的模型中寻求地理意义（Martin and Sunley，1996）。尽管波特不是区域经济学家，但经济竞争力的研究让波特强调了位置的重要性。

波特国家竞争力的"钻石模型"广为人知，在此只是简要介绍。波特把国际市场上产业的成功看作一个国家竞争力的重要衡量指标。因此，他给出了企业成功的四大因素：①企业战略的本质、国家结构和竞争，包括对待竞争的态度、市场机构，当地的竞争程度，其他能影响企业业务的文化和历史因素，企业员工、政府；②因素条件（例如，与成本相关的基本因素，廉价的、非熟练的劳动力，与知识或技术相关的先进因素等）；③需求条件或当地需求的性质（例如，对国内外商品的需求，当地产业有对中间产品的需求）；④存在相关和辅助性产业，包括供应商和成功的竞争者（都促进合作，后者也刺激了竞争）。

企业，在一定程度上，必须依靠它们中间产品供应商的竞争力，而这些供应商也必须依靠它们的供应商。但企业也需要依靠服务提供商（管理、市场、财务和法律等）、基础资源和研发的运用（如高校和/或研究组织）、资本货物供应商、批发商、分销商、训练有素的劳动力供应商（还是大学）。甚至竞争者也是重要的，包括直接竞争者，也包括企业供应商的竞争者。因为这些竞争者的存在，让企业一直有压力去不断提升流程并不断寻找新机遇。竞争者也有助于解决共同的问题（Best，1990）。

因此，一个企业的成功，在一定程度上，可以追溯到企业大小、深度、相关支持性企业的性质。大部分波特理论分析，侧重于确定集群竞争力的基本条件。波特的研究框架自然地把研究终端市场作为研究集群的起点。但不应孤立地研究这样的终端市场产业，在经济增长和变化过程中关键功能之间相互依存，这种相互依存关系不只是传统认为的那样（如在技术上、在投入产出方面），这种相互依存关系是波特理论的指导原则。

为使问题复杂化，一个特定终端市场行业的经济和地理聚集是相对于时间、空间和规模的。一个终端市场部门在国家层面是地理聚集的，但不一定从区域或地方层面上地理集群（反之亦然）。此外，随着垂直、水平和横向联系的扩展和深化，一个部门经济集群程度会变强。没有理由的，只是先验性地认为，随着时间的推移，经济增长，甚至集群要素表面上的增长，都会使集群加强。社会、文化或政治环境的变化可以导致集群企业之间关系的变化，从而波特所描述的正协同效应会减弱。另外，交通、通信基础设施的改进可能导致集群企业在空间扩散，在地理上的聚集程度降低。最后，还有规模因素。真正的集群可能规模较大，也许超过一定的阈值，但只是规模大不能保证一定是集群。即使是通过这个简单的描述，也可以明显看出波特的产业集群概念在应用时是多么复杂。一个难题是，有经济和地理两个不同的衡量标准，这使识别集群变得困难。经济集群不仅仅是相关的、支持性的产业和机构，更是那些因为产业间关系而更有竞争力的相关辅助性产业和机构（Rosenfeld，1996，1997）。企业的聚集不仅仅是因为它们的地理位置靠近，更是因为它们共享各种经济集群所描述的相互联系。除了投入产出关系外，企业间很少有直接关联的方式，这显然不能满足波特所描述的动力。政策关注的特定集群往往只是形成更大的产业和供应商，这也就不足为奇了。

使国家和地区发展政策变复杂的另一个原因是经济集群可以通过广泛的变化多样的地理规模表现出来。例如，一个区域如何培养（或利用）当地企业和集群中其他地区成员之间的正协同效应？一个当地企业的竞争力可能更多地依赖于全球集群而不是区域集群。在这样的情况下，一些区域集群政策会不会降低竞争力？

恩赖特（Enright，1993）则指出产业集群是指由商业组织或非营利组织组成的团体，是通过“购买者、供给者之间的关系，共同的技术、采购商或者分销渠道、劳动力来源”等要素联系起来的。罗埃兰德（1999）把产业集群定义为增值生产链上由关系密切的企业（包括专门的供应商）形成的网络，将产业集群的研究从关注企业之间的关系延伸到关注产品之间的关系。可见，产业集群的内涵非常丰富，涉及地理空间、经济空间、行为主体间关系、产品间关系等多个层面。

产业集群不仅反映了企业及其他经济行为者之间的关系和结构，而且描述了企业及其他经济主体所提供产品（服务）间存在的技术经济联系和供求关系，是在特定区域由组织网络和产品网络耦合而成的产业网络。众多学者从网络视角聚焦要素间关系及其结构，利用投入产出理论，对产业集群进行了研究。例如，蒂策等（2011）借助于施纳布尔的最小流量分析法定量研究了产业集群的识别，认为产业间的一些重要关系是形成集群的重要因素；赵炳新等（2016）着眼于产品间关联关系及结构研究产业集群，认为产业集群具有分层的结构，关联最密集的产品构成了产业集群的核，核内产业具有密切的相互作用，并对核外产业产生推拉影响。如2012年山东省产业集群具有层级为5的分层结构，核度值为5的13个产业构成核内产业，对核外产业具有辐射影响，向下游推动或向上游拉动其他产业的发展。

实际上，产业集群是个经济地理概念，是在特定区域由具有经济关联关系的企业、产业构成的有机系统，反映了企业、产业间的投入产出关系和经济技术联系；若考虑企业的地理分布，则最终形成反映集群本质的包产品关系、企业关系和地区关系的三层超网络，通过研究其结构能够找到产业集群竞争力提升及产业集群升级的方法和路径。

(3) 产业升级。

产业升级的研究由来已久，国内外对产业升级的理解不同。国内通常把产业升级阐释为产业结构调整，例如，吴崇伯认为产业升级是“产业结构的升级换代”，即迅速淘汰劳动密集型行业，转向从事技术和知识密集型行业。国外学者则多基于价值链研究产业升级，例如，杰雷弗等（1999）认为某一国家（地区）的产业是全球价值链的构成部分，产业升级则是该国（地区）的企业以及整个产业在单一价值链上或不同价值链间攀升飞跃的过程，并针对东亚服装产业具体分析了从OEA到OEM到ODE和OBM的升级阶段；汉弗莱（J. Humphrey）等提出四种产业升级方式：工艺（技术）升级、产品升级、功能升级和价值链间升级，其中，功能升级类似于价值链上企业或产业由低附加值向高附加值的攀跃，价值链间升级则是跨产业链的升级，也即产业结构调整。

无论是单一价值链上功能的升级，还是不同价值链间产业的攀跃，其结果都会带来产业间投入产出及供需的变化，并影响产业网络的结构，因此网络结构的优化既是产业升级的结果也为产业升级提供了思路。

(4) 区域经济合作。

区域经济合作是世界经济国际化发展的产物，其形式代表了世界经济国际化的程度与水平，一般是指某一区域内两个或两个以上国家，为了维护共同的经济利益和政治利益，实现专业化分工和进行产品交换而采取共同的经济政策，实行某种形式的经济联合或组成区域性经济团体。区域经济合作不仅发生于有地缘优势的国家和地区间，随着以网络为代表的信息技术的发展，跨洲的经济合作不断涌现。特别是“一带一路”战略的实施，开启了区域经济合作的新纪元。“一带一路”基础设施网络的铺设、“一带一路”贸易网络的形成、“一带一路”国家网络、“一带一路”城市网络等，构成了“一带一路”区域经济合作的基础，提供了深化“一带一路”区域经济合作的载体，同时也是“一带一路”区域经济合作的结果和表现。

实际上，各种形式的区域经济合作无不因为经济关联形成不同层级、不同类别的网络，区域产品网络，区域企业网络，区域城市网络，区域国家网络等，而其本质是产业间普遍存在的技术经济联系。例如，联盟及一体化战略的本质是产业网络上产业链的搜索和优化，企业在产业网络中基于降低成本、风险或者提高收益和供应链稳定性的目标而寻找竞争优势和打造产业链的战略行为实际是网络上的最优路径选择问题。因而基于产业网络探讨区域经济合作战略，如基于产业网络形成“一带一路”沿线城市网络，进而研究中国战略支点选择与优化，具有重要的理论意义和实际价值。

（5）危机蔓延。

在经济全球化时代，经济和贸易开放使国际经济系统更为脆弱，经济危机爆发更为频繁。经济危机蔓延是一个复杂的过程，涉及区域或区域间 FDI、贸易、金融、信息等多种因素的联动，但究其本质，影响其蔓延的根本则是产业（产品）间因供需关系形成的产业网络的结构。例如，2007 年以来，美国与次级住房抵押贷款有关的金融机构纷纷倒闭，并迅速蔓延到美国整个金融市场，如世界顶级投行雷曼兄弟申请破产保护、美国房贷巨头房利美和房地美陷入困境。之后，美国金融危机迅速扩散到全球信贷市场、资本市场，继而冲击全球的金融机构和金融市场，并最终扩散到全球实体经济形成世界经济危机，根本原因在于产业间关联的非均匀性，这种非均匀性导致了产业网络结构的非对称性，并导致级联效应的产生，从而使美国房地产业所受冲击通过经济网络迅速扩散，造成全球经济波动。因此，对产业网络及其结构进行研究，从中观产业层面制定预防和控制部门冲击在经济系统扩散的措施，成为避免经济危机、促进经济增长的关键。

2012 年 9 月发表在 *Econometrica* 上，标题为“The network origins of aggregate fluctuations”的论文基于部门之间的投入产出关系研究了部门冲击是如何通过网络扩散造成经济波动的。其以部门为节点，以部门之间的投入产出关系为连边规则，构建美国产业网络图，在此基础上研究网络结构对于部门波动扩散的影响。研究表明，当产业网络存在着严重的不对称性时，部门冲击会造成经济波动，并且经济波动衰退的速率是由网络结构决定的。产业网络为研究国家（地区）内不同部门之间以及国家（地区）与国家（地区）之间的关联关系提供了一个新的视角，达龙·阿西莫格鲁（Daron Acemoglu et al.，2012）建立了一种研究经济波动的新范式。

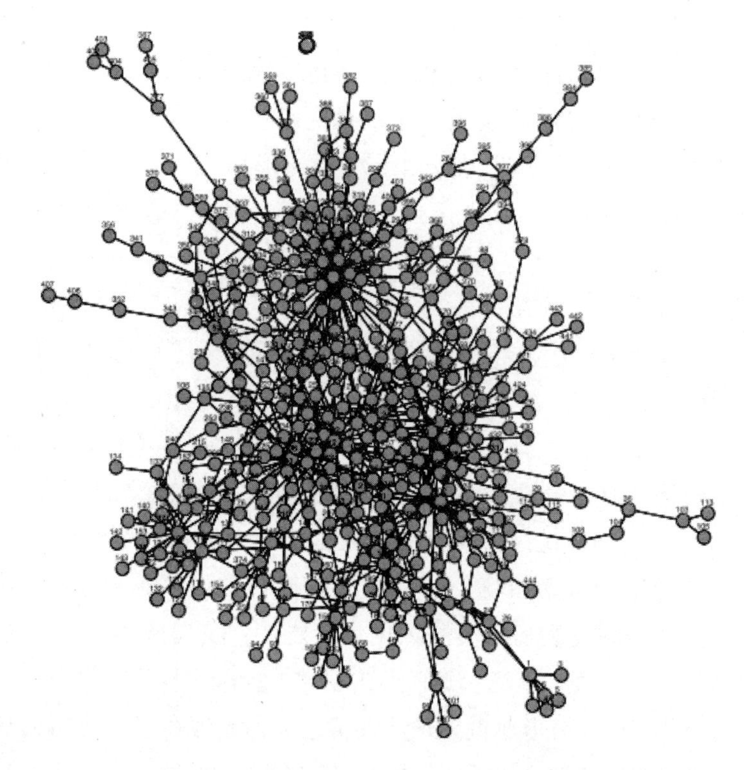

图 2－2　美国 1997 年 447 部门产业网络图

2.3　城市网络模型文献综述

2.3.1　城市网络建模

城市空间关系研究一直是地理经济学、城市经济学、城市地理学的研究热点问题。随着全球化和信息化的发展，城市间联系越来越紧密，传统的方法技术难以描述目前错综复杂的城市间关系。城市网络是用（复杂）网络表述地区间关联的一种模型。城市网络模型以城市为顶点，以城市间关联为边建立网络图，不仅研究城市间两两关联的强度对城市网络的影响，也研究城市关联结构与（子）网络结构对城市网络的影响。

城市网络模型的研究工具主要包括图与网络方法、复杂网络方法、GIS分析方法等。因前面已详细介绍过图与网络方法和复杂网络方法，在此不再赘述，本部分主要介绍城市网络模型中常用的GIS分析方法。

GIS（Geographic Information System），即地理信息系统是在计算机技术迅速发展背景下新兴地理空间信息分析技术，对地理数据进行采集分析、存储管理、运算分析，提供数据可视化，进而提供可供科学研究或决策的数据。GIS数据包括地理空间定位数据、用于形成图形的矢量或栅格数据、遥感图像相关数据等。目前GIS工具被广泛应用于政府和企业决策以及相关学术研究中。GIS主要分析参数包括研究对象核密度、地理空间分析参数等。

随着大数据和云计算技术的发展，GIS内涵更加丰富，出现了云GIS、大数据GIS等术语。云GIS目前并没有明确的统一定义，从其研究内容分析主要是基于云计算技术和方法，丰富和扩展GIS原有的基本功能，以应对大量繁杂数据下空间数据的获取分析问题。

GIS在学术界应用领域广泛，从已有文献看，GIS被广泛应用于地理经济学、城市交通研究、旅游相关分析、气象研究等领域。

2.3.2 城市网络建模方法

城市网络是用（复杂）网络表述城市间关联的一种模型，其基本思想是：城市间关联是一种客观存在，城市间的关联关系和城市构成了城市网络。城市网络既是一种客观存在现象又是一种研究方法。城市网络描述的是城市之间错综复杂的关联关系。城市网络可以用图与网络表示，城市以网络中的顶点表示，当城市间的影响超过某个临界值时，认为城市间存在关联，并以网络中顶点之间的边（弧）表示。

目前对城市网络研究的重点是根据不同的关联规则建立城市网络，进而研究城市间关联关系。从已有文献来看，城市关联规则的确定主要根据互联网数据、交通可达性、企业数据等。例如，甄峰等（2012）以新浪微博为基础，利用微博用户关系的紧密程度反映城市间关系的紧密程度，其认为如果两个城市间微博用户关系紧密，那么这两个城市间关系紧密，并在社会网络视角下，研究中国城市网络发展特点；刘辉（2013）基于交通可达性，对城市间关联进行了研究，建立了城市网络，并研究网络特性，其指出在交通设施逐步完善的今天，城市间“时间距离”的减小使城市间关系变得紧密，城市区位和城市关系网络也在一直发生变化，并基于GIS网络和社会网络，利用O－D矩阵和引力场模型，分析了京津冀城市网络集中性和空间结构；李仙德（2013）利用上市公司数据研究了长三角城市的城市网络，其利用长三角城市上市公司城市网络数据，综合运用社会网络分析、位序—规模分析，研究了长三角城市网络空间结构演变情况及影响城市空间结构演变的影响因素。

第3章　海洋经济网络模型构建研究

3.1　海洋产业网络模型构建研究

3.1.1　产业网络简介

在全球化时代，产业间的依赖与制约关系不断加强并呈现复杂联动的状态，基于产业/产品关联，从全球价值链的视角制订战略，是国家、地区和企业参与竞争的主要形式。前有赫希曼在确定区域非均衡战略时，以产业的后向关联和前向关联为主指标；后有波特的经典“钻石模型”。追本溯源可知，两者均是以“产业链/群内的关联关系”这一关键因素，来制订国家（区域）战略。自20世纪80年代以来发生的经济波动进一步体现了产业关联结构在经济发展中的重要作用。林毅夫则将关联结构的重要性提升到了更高的层次，按照其《新结构经济学》的观点，经济系统中存在的某些关联结构，如产业（产品）间关联、企业间关联和地区间关联等，实质上都是新型经济资源。近几十年，一些学者提出利用定性投入产出分析方法（QIOA）和图与网络方法研究产业关联及其结构，这些理论与方法拓展了产业关联在经济管理领域的研究，解释了经济管理中的许多热点问题，如产业集群、产业升级、区域竞争力、区域战略等。

其实，20世纪70年代，便已有相当一批海内外专家学者开始应用“图与网络”的相关知识，来研究产业关联结构问题。坎贝尔（1972）较早地采用度、节点路长与距离以及强子图等图与网络的概念来研究产业结构的增长极问题；斯莱特（Slater，1977）采用子图分割与强/弱成分的概念来研究产业结构；阿罗什（Aroche，2006）通过最大生成树概念构建产业网络的基础结构；穆尼斯（Muñiz，2010）通过结构洞指标分析产业网络每个产业的相对位置，研究西班牙与欧洲的创新扩散问题。此外，还有很多学者利用产业网络来研究某个特定区域的经济结构变化与演进，例如，施纳布尔（2003）研究了澳大利亚昆士兰州的经济结构，日置等（Hioki et al.，2005）研究了中国1987～1997年中国区域间关联结构的变化，阿罗什－雷耶（Aroche-Reyes，2011）研究了北美各国经济的结构转化等。近年来，产业网络的研究领域扩展到了产业网络结构与集群结构等更多领域，例如，蒂策等（2011）通过分析区域间特定的产业垂直关联，研究了德国区域产业集群情况；赵炳新等（2014）提出产业圈度的概念，并设计相应指标研究产业循环结构；伊达尔戈等（C. A. Hidalgo et al.，2010）利用产品比较优势衡量产业距离，以此建立产品空间网络，在此基础上研究产业升级路径；卡瓦略等（Vasco M. Carvalho et al.，2012）通过研究产业网络结构来解释由部门冲击导致总产出波动的传导机理等。这些研究成果主要从产业关联结构和（子）网络结构研究相关经济问题，不仅丰富了产业关联的内涵，而且为定量研究产业关联结构特征及其效应提供了一类有效的方法。

从已有文献看，产业网络的基本思想：产业关联是一种客观存在，产业以及产业间的关联关系构成了产业网络。产业网络既是一种客观存在现象又是一种研究方法。产业网络这一概念，描述了产业链之间纵横交错的关联关系。产业网络中产业（产品）间的关联关系可以用图与网络表示，其实质是产业以网络中的顶点表示；当产业间的影响超过某个临界值时，认为产业间存在关联，并以网络中顶点之间的边（弧）表示。

自20世纪70年代开始，学界研究产业关联的建模方法如雨后春笋般涌现，而且多是基于图与网络这种方法。如坎贝尔（1970，1972，1975），施纳布尔（1994，2003），阿罗什－雷耶（1996），莫里利亚斯（Morillas，2011），赵炳新（1996，2011，2013，2015），等等。产业网络模型的建模有多种，不同模型建立的原理见表3－1[①]。

---

① 来源于赵炳新、张江华的《产业网络理论导论》第三章。

表3-1　几类不同产业网络模型建模原理

模型名称	所采用系数	阈值 α	直接关联	间接关联
Campbell-模型	交易流量	0/简化模型中采用均值	$x_{ij}>\alpha$	未包括
MFA-模型	交易流量	几种滤值的平均值	$x_{ij}^{(k)}\geqslant\alpha$	已包括，并考虑层级路径对关联的影响
ICA-模型	重要系数	经验值0.2	$IC\geqslant 0.2$	已包括
ECA-模型	弹性系数	平均值 α	$EC\geqslant\alpha$	已包括
Morillas-模型	分配系数及交易流量	经验值0.5	$\mu_q\geqslant 0.5$	未包括
Zhao-模型	投入产出量值	估计值/威弗指数	$f_{ij}\geqslant\alpha$	已包括

从表3-1可以看出，产业网络模型的数据基础可以选用流量矩阵也可以选用系数矩阵。表3-1中的交易流量即指投入产出表中的中间流量矩阵。在临界值选取上，目前国内外学者多给定一个主观临界值，但也有些模型是根据威弗指数以内生的方式计算得到临界值，确定投入产出关系。在确定临界值之后，低于临界值的关联关系被过滤掉，只留下强关联关系。

3.1.2　海洋产业投入产出表编制

（1）投入产出分析简介。

1936年，诺贝尔经济学奖获得者里昂惕夫（Leontief）将经济理论、数学方法相互结合，提出崭新的经济数量分析模型，即投入产出理论。该理论模型提出后被广泛应用于农业、金融、碳排放等各个领域，取得了大量研究成果。

依托上述投入产出理论，学界衍生出投入产出分析，及其最基本的分析工具——投入产出模型。该模型按所采用的不同计量单位，又可划分为涵盖实物型模型、价值型模型两大类。

除上述分类外，投入产出模型还可以按表现形式不同，分为投入产出表、投入产出数学模型两种形式。其中，后者的建立以前者为基础。具体而言，投入产出数学模型借用线性方程组的数学形式，依照投入产出表中，各经济指标见的数量关系，来反映经济系统的投入产出关系。

进行投入产出分析需要一定的前提条件。最重要的3个假设条件如下：

假设1："纯部门假设"，即假设每个部门用且只用一种生产技术方式、只进行一种同质产品的生产；

假设2：假设直接消耗系数（技术系数）在一定时期内固定不变；

假设3：假设国民经济各部门中，投入与产出之间正相关。即各部门在生产过程中，对其他部门产品的消耗（投入）越多，它的产量就越大。

如前所述，投入产出分析模型以投入产出表为基础。因该表能翔实地反映产业系统在特定时期内，各部门在产品的生产、消耗之间的数量关系，因此编制工作量大。一般每隔五年左右，由各国统计局或学术机构公布该时期内的投入产出表。

从投入产出表所涉及的地区数量看，投入产出表分为单区域投入产出表和多区域投入产出表，并且以前者最为常见。反映某一特定地区产业系统各产业间的投入产出关系，单区域投入产出表的一般表式如表3-2所示。

表3-2　单地区投入产出表的一般表式

<table>
<tr><td rowspan="2" colspan="2">产出
投入</td><td colspan="5">中间产品</td><td colspan="4">最终产品</td><td rowspan="2">总产出</td></tr>
<tr><td>产业1</td><td>产业2</td><td>…</td><td>产业 n</td><td>合计</td><td>消费</td><td>资本形成</td><td>出口</td><td>合计</td></tr>
<tr><td rowspan="5">中间投入</td><td>产业1</td><td rowspan="5" colspan="5">Ⅰ</td><td rowspan="5" colspan="4">Ⅱ</td><td rowspan="5"></td></tr>
<tr><td>产业2</td></tr>
<tr><td>…</td></tr>
<tr><td>产业 n</td></tr>
<tr><td>合计</td></tr>
<tr><td rowspan="4">初始投入</td><td>折旧</td><td rowspan="4" colspan="5">Ⅲ</td><td rowspan="5" colspan="5"></td></tr>
<tr><td>劳酬</td></tr>
<tr><td>纯收入</td></tr>
<tr><td>合计</td></tr>
<tr><td colspan="2">总投入</td><td colspan="5"></td></tr>
</table>

从表3－2看，投入产出表的核心是第Ⅰ象限，它是由产业系统中的各个产品部门纵横交叉而成的中间产品矩阵，主栏为中间投入，宾栏为中间产出，中间产品矩阵中的每个数字都有双重含义：从列方向看，表示某产业部门在生产过程中消耗和使用其他各个产业部门的产品或服务的数量；从行方向看，表示某产业部门生产的产品或服务提供给其他各个产业部门消耗和使用的数量。投入产出分析利用中间产品矩阵把列向投入和行向产出相结合，来描述各个产业部门之间的绝对数量关系。

第Ⅱ象限是最终使用部分。它是第Ⅰ部分投入表在水平方向的延伸，因而其主栏是各产品部门，宾栏是最终使用，由总消费、资本形成总额、净出口和其他最终产品等项组成。它与第Ⅰ象限不同，消费、积累的比例及构成主要取决于社会经济因素，所以第Ⅱ部分反映的是国民经济中各产品部门与最终使用各项之间的经济联系。从行的方向看，投入产出表的第Ⅰ部分、第Ⅱ两部分构成一张长方形表格，称为产品分配流向表，反映了国民经济各个产品部门的产品和服务的分配使用去向，即：中间使用＋最终使用＋其他＝总产出。

第Ⅲ象限增加值（最初投入）部分。它是第Ⅰ部分生产消耗构成表在垂直方向的延伸。其主栏是固定资本折旧、劳动者报酬、生产税净额、营业盈余等各种最初投入，宾栏是各产品部门。从这部分的经济内容来看，它包括固定资本折旧和新创造价值两部分，所以第Ⅲ部分反映的是各产品部门的增加值（即最初投入）的构成，即增加值的形成过程与国民收入的初次分配情况。从列的方向看，第Ⅰ部分、第Ⅲ部分也构成一张长方形表格，称为价值形成表。它反映了国民经济各产品部门在生产经营活动中，对行各产品部门的产品和服务的消耗情况，揭示了国民经济各产品部门的产品和服务的价值构成（物化劳动的转移价值与增加值）。

伊萨德（Isard，1951）、钱纳里（Chenery，1953）和摩西（Moses，1955）先后独立提出多区域投入产出表。多区域投入产出表是将各区域投入产出模型连接而成的投入产出表，将各区域的商品和劳务的流入、流出内生化，同时搜集和处理大量原始数据，进行一系列的调整和研制工作。多区域投入产出表的一般表式如表3－3所示。

表 3-3　　　　多区域投入产出表的一般表式

			中间使用							最终使用			总产出
			区域1			…	区域 m			区域1	…	区域2	
			部门1……部门 n				部门1……部门 n						
中间投入	区域1	部门1	x_{11}^{11}	…	x_{1n}^{11}	…	x_{11}^{1m}	…	x_{1n}^{1m}	F_1^{11}	…	F_1^{1m}	X_1^1
		……	…	…	…	…	…	…	…	…	…	…	…
		部门 n	x_{n1}^{11}	…	x_{nn}^{11}	…	x_{n1}^{1m}	…	x_{nn}^{1m}	F_n^{11}	…	F_n^{1m}	X_n^1
	…	…		…		…		…		…	…	…	…
	区域 m	部门1	x_{11}^{m1}	…	x_{1n}^{m1}	…	x_{11}^{mm}	…	x_{1n}^{mm}	F_1^{m1}	…	F_1^{mm}	X_1^m
		……	…	…	…	…	…	…	…	…	…	…	…
		部门 n	x_{n1}^{m1}	…	x_{nn}^{m1}	…	x_{n1}^{mm}	…	x_{nn}^{mm}	F_n^{m1}	…	F_n^{mm}	X_n^m
最初投入			V_1^1	…	V_n^1	…	V_1^m	…	V_n^m				
总投入			X_1^1	…	X_n^1	…	X_1^m	…	X_n^m				

从多区域投入产出表的列向看，反映了每一个区域的每一个部门来自不同区域的不同部门的生产投入，以及每一个区域的每一项最终需求从不同区域的不同部门的来源结构。从多区域投入产出表行向看，反映了每一个区域的每一个部门产品在不同区域的不同部门和不同区域的各项最终需求的分配状况。如果按照相同的区域顺序排列，将多区域投入产出表的中间产品矩阵分成按照以区域分组的子矩阵形式，那么对角线上的子矩阵分别表示某一区域各部门产品在该区域内的投入和使用情况，与单区域投入产出表的中间产品部分含义一致；非对角线上的子矩阵表示任一区域的每一部门产品在其他区域各部门的投入和使用情况。

多区域投入产出表与单区域投入产出表的最大区别在于对产品、劳务的流入和流出的处理上。在单区域投入产出表中，一般而言，流出仅仅是最终需求中的一列，没有区分其具体流向，流入也没区分具体来源。但在多区域投入产出表中，通过流入和流出的内生化，将各区域的投入产出模型连接成一体，对中间产品构建中间流量矩阵，对最终使用产品构建最终使用向量。

（2）投入产出表编制方法简介。

①单区域投入产出表编制方法。

单区域投入产出表在投入产出分析中起重要作用，又因其编制工作量巨大，所以其编制方法始终是学界关注的重点。研究成果主要将编制方法分为三种：调查法、非调查法和混合编表法。

调查法，顾名思义即专项调查各部门的物料消耗、来源（或流向）、增加值产生、最终消费以及调入调出；而后对取得的调查数据进行处理、调整，生成投入产出表。上述数据的前期取得、后期处理均需投入大量资源，在实际编制过程中操作难度较大。因此常利用某种方法对意义数据进行分解和推导，包括直接分解法和间接推导法。直接分解法首先对手头现有的核算资料，进行处理和调整，以使数据符合产品×产品表的口径；若手头资料无法满足要求，再套用调查法进行有针对性的数据获取。直接分解是一种比较理想的编表方法，其数字比较准确，有助于提高编表的质量。间接推导法是通过编制各企业部门的供给表和使用表，在此基础上编制出SNA式投入产出表——（*UV*）表，再在一定的假定条件下将其转换成对称型产品×产品表。其特点是用过数学方法进行转移和归并，而不再在基层对各部门的投入和产出进行分解。

非调查法，即运用已有统计数据，如本地区各部门增加值、最终消费、总产出等，参照具有相似消耗结构的投入产出表，利用RAS法（Stone，1961）等，进行处理生成。该方法得出投入产出表的准确度与调整生成的方法有关。若调整方法选取不当，表的准确度会与调查法相差甚远。基本思路：从国家公布的统计资料和统计数据中获得相应数据，在这些数据的基础上应用统计技术结合相应假设条件，推算出不易获得的估计难度比较高的数据。

RAS法是1960年英国著名经济学家斯通等人研发的，指在已知报告期的某些控制数据的条件下，对原有投入产出表直接消耗系数矩阵进行修正，以此为依据，编制该报告期投入产出表。报告期中间消耗的合计数（行向量）；报告期总产出向量。与直接调查法相比，RAS法操作简单，数据成本低，有唯一解且快速收敛，得到的数据也更加可靠。RAS法的原理是：利用计算期或规划期某些控制数据，如中间产品合计数、中间投入合计数等，造出一套行乘数 R 去调整已有（基期）直接消耗系数矩阵的各行元素，同

时找出一套列乘数 S 去调整已有直接消耗系数矩阵的各列元素，以使经过修正的直接消耗系数计算的总量与各个控制数据相等。

FES（Fundamental Economic Structure）法，是指通过将“不同地区投入产出表的中间投入”与“该地区某类变量（如地区生产总值、总产出等）”进行回归分析，根据显著性将投入产出表中的中间流量分为两类——“基础”和“非基础”。FES 法认为若该回归方程显著，则标明这些区域具有相似的中间投入技术特征，便可称为“基础”投入。

混合编表法，顾名思义就是调查法和非调查法的整合运用，该方法对重要部门的投入系数采用调查法得到实际客观数据信息，而对其余的投入系数，则通过某张具有相似结构的投入产出表处理算出，即适用非调查法。混合编表法是目前应用最为广泛的方法，如我国逢 0、逢 5 年度编制的投入产出延长表。

潘省初（2004）提出了一种调整投入产出表部分分类口径和数据的方法。方法步骤如下：

首先，调整部门分类口径的方法：第一，对照不同投入产出表的部门分类，分析口径不同的情况；第二，根据口径不同情况，进行相应的处理，主要是对原表中部门进行拆分和重新组合，在这一步中处理的难点是对交叉部门的拆分和重组；第三，对各表进行汇总处理，以确定部门分类。

其次，调整投入产出表中数据的方法：第一，以总产出数据作为标准，推算拆分权重。拆分权重主要是指投入产出表中需要拆分的产业部门中细分各部分总产出占整个部门总产出的比例。第二，利用拆分权重对相应部门进行拆分。对于第 1 象限横向纵向都需要进行拆分；对于第Ⅱ象限只需要横向拆分，不需要进行纵向拆分；同样，第Ⅲ象限只需要纵向拆分，不需进行横向拆分。第三，拆分后，将投入产出表各部门数据进行重组合并，同样的，对于第 1 象限横向纵向都需要进行合并；对于第Ⅱ象限只需要横向合并；第Ⅲ象限只需要纵向合并。

最后，编制投入产出序列表的矩阵算法：第一，根据上述数据的调整方法，构造一个三列对照矩阵：其中，第一列为目标表（即序列表）中的部门序号；第二列为源表（即原投入产出表）的部门序号；第三列为按调整说明计算出的权重，缺省值为 1。第二，构造用于计算的转换系数矩阵 $S=(S_{ij})$。其中，S_{ij}为转换系数，表示目标表第 i 个部门的构成中含有源表

第 j 个部门的 $S_{ij}\%$，转换系数矩阵的行数为目标表的部门数，列数为源表的部门数。

$$S_{ij}=\begin{cases}S_{ij} & \text{当目标表第 } i \text{ 部门包含源表第 } j \text{ 部门的 } S_{ij}\% \\ 1 & \text{当目标表第 } i \text{ 部门包含整个源表第 } j \text{ 部门} \\ 0 & \text{当目标表第 } i \text{ 部门不包含源表第 } j \text{ 部门}\end{cases} \tag{3-1}$$

从行的方向看，转换矩阵表示了目标表部门的构成情况；从列的方向看，表示了源表部门的分配情况。

②多区域投入产出表编制方法。

研制多区域投入产出表要求直接编制各区域各产业产品在所有区域不同产业间的贸易矩阵，因其需要大量的基础数据，所以编制过程难度较大。有鉴于此，学界探索出一些对基础数据要求相对较低的编制方法。编制多区域投入产出表的方法主要包括调查法和非调查法两类。

多区域投入产出表的假定前提是区域 S 每个部门使用的从区域 R 流入的 i 产品的比例相同。因此，利用调查法研制多区域投入产出表时，只要得到每一产业产品在各区域之间流动的数据就可以了，并不要求直接编制不同区域间各产业的贸易矩阵。但这种方法要求国民经济统计系统比较完善，在获取流量数据方面比较容易，可直接获得相关统计数据，构建比较完善的流量矩阵。但对于很多国家，包括中国在内，国家和区域统计系统都不包括区域间各部门贸易流的详细数据，因此需要借助非调查方法，通过分解和拆分数据得到多区域投入产出表。

利用非调查方法研制区域间投入产出模型，主要利用由里昂惕夫和斯特劳特（1963）提出的引力模型方法，进行数据分解及推算。

里昂惕夫和斯特劳特（1963）提出引力模型的方法，用以编制多区域投入产出表，利用引力模型计算地区间各产业产品的贸易量为：

$$t_i^{RS}=\frac{x_i^R d_i^R}{\sum_R x_i^R}Q_i^{RS} \tag{3-2}$$

其中，t_i^{RS} 为产业 i 从区域 R 到区域 S 的流出量，x_i^R 为区域 R 的 i 产业的总产出（总供给），d_i^S 为区域 S 对 i 产业产品的总需求（中间需求与最终需求的合计），$\sum_R x_i^R$ 为全部区域 i 产业的总产出（等于总需求），Q_i^{RS} 为 i 产

业产品从区域 R 到区域 S 的贸易参数（摩擦系数）。

利用引力模型计算区域间各产业产品的贸易量决定于贸易参数估算方法的选择和各地区分产业的总产出和总需求的数据，因而不需要将地区表中流入、流出按不同地区进行编制。从引力模型的原理可以看出，利用引力模型编制多区域投入产出表的关键是估算贸易参数（摩擦系数），很多学者基于不同的研究目的和基于不同的数据，提出了在不同的基础数据条件下相应的估算方法。

（3）海洋产业投入产出表研制。

海洋经济活动，作为一种崭新的经济形态，其特有的交融性、复杂性、相互渗透性等属性，使它仍未被纳入常规统计范围，未形成统一的统计标准。因此，获取海洋经济统计数据难度高、资料少，且已有数据不完备。海洋产业投入产出表的研制，是建立海洋产业网络和分析海洋产业关联的基础。通过编制海洋产业投入产出表，可以利用产业网络关联理论，深入研究海洋产业内部、海洋产业之间的关系结构、复杂交互作用和关联关系。明确海洋产业投入产出表的部门分类，设计出海洋产业投入产出表的表式，并对数据进行调整，最终得到海洋产业投入产出表。根据该投入产出表，可以将产业关联分析理论应用到海洋经济中的产业关联与产业升级研究中去，为研究海洋产业内部、海洋产业之间的关联关系，提供一种全新的思路；从而也为海洋产业结构布局、统筹海洋资源、制定海洋经济升级策略，提供理论依据。

因此，在研究海洋产业网络模型之前，首先需要编制海洋产业投入产出表，以此为依据建立网络模型，分析海洋产业之间，以及海洋产业与陆地产业间的产业关联关系。

①海洋产业投入产出表的表式设计。

参照通常的投入产出表的表式，海洋产业投入产出表分为三个部分，即中间产出部分、最终产出部分和最初投入部分。根据国标（GB/T 20794－2006），海洋产业主要包括 12 个产业，分别是海洋渔业、海洋油气业、海洋矿业、海洋盐业、海洋船舶工业、海洋化工业、海洋生物医药业、海洋工程建筑业、海洋电力业、海水利用业、海洋交通运输业和滨海旅游业。

从已有投入产出表拆分出 12 个海洋产业后，形成包括海洋产业和陆地产业的投入产出表，其表式如表 3－4 所示。

表3-4　　　　　　　　海洋产业投入产出表表式

<table>
<tr><td colspan="3" rowspan="3">投入
产出</td><td colspan="7">中间产出</td><td colspan="4">最终产出</td><td rowspan="3">总产出</td></tr>
<tr><td colspan="3">海洋产业</td><td colspan="3">陆地产业</td><td rowspan="2">合计</td><td rowspan="2">消费</td><td rowspan="2">资本形成</td><td rowspan="2">出口</td><td rowspan="2">合计</td></tr>
<tr><td>海洋渔业</td><td>……</td><td>滨海旅游业</td><td>农林牧渔业</td><td>……</td><td>公共管理和社会组织</td></tr>
<tr><td rowspan="7">中间投入</td><td rowspan="3">海洋产业</td><td>海洋渔业</td><td colspan="7" rowspan="7">X_{ij}</td><td rowspan="7">C_i</td><td rowspan="7">I_i</td><td rowspan="7">F_i</td><td rowspan="7">Y_i</td><td rowspan="7">X_i</td></tr>
<tr><td>……</td></tr>
<tr><td>滨海旅游业</td></tr>
<tr><td rowspan="3">陆地产业</td><td>农林牧渔业</td></tr>
<tr><td>……</td></tr>
<tr><td>公共管理和社会组织</td></tr>
<tr><td colspan="2">合计</td></tr>
<tr><td colspan="3">增加值</td><td colspan="7">V_j</td><td colspan="5" rowspan="2"></td></tr>
<tr><td colspan="3">总投入</td><td colspan="7">X_j</td></tr>
</table>

中间产出部分反映了产业系统中各个产业部门之间的技术经济联系，行是某部门对其他部门的供给，列是某部门对其他部门的需求。最终产出部分是海洋产业和陆地产业对最终需求的供给。增加值指新价值形成。

②海洋产业投入产出表数据调整。

参照有关学者调整投入产出数据的方法，对中国海洋产业投入产出表数据进行调整，调整步骤为：首先，确定12个海洋产业增加值，并计算与海洋产业对应的投入产出表中相应产业的增加值；其次，计算拆分权重，把某个海洋产业增加值占需要分解部门增加值的比例作为拆分权重；最后，数据拆分，利用计算出的权重对相应部门进行拆分，拆分出海洋产业后，被拆分产业的数据要相应减少，以保证投入产出表平衡。中间投入需要横向和纵向拆分，增加值部分只需要横向拆分，最终使用部分只需要纵向拆分。

3.1.3 海洋产业网络模型构建

借鉴赵炳新（1996，2011，2013）产业网络建模原理及方法，海洋产业网络建模总体思想是：首先从官方公布的投入产出数据中拆分出海洋产业形成海洋产业投入产出表，再通过直接消耗/直接分配系数等指标量化产业部门间的关联关系，利用威弗指数找出产业间的强关联关系，过滤掉产业间弱关联关系。以产业对应网络中的点，以产业间关系对应网络中的边，在此基础上构造网络模型，即海洋产业网络。通过海洋产业网络结构，研究海洋产业间的关联强度及关系结构。其建模步骤如下：

首先，编制海洋产业投入产出表。

海洋产业投入产出表编制包括海洋产业界定、海洋产业投入产出表的表式设计和海洋产业投入产出表数据调整。

根据本书对海洋产业的定义，参考国标（GB/T 20794－2006），海洋产业主要包括12个产业。其中，生物与医药制造业，研究与试验发展业，信息传输、计算机服务和软件业这3大产业，属于高新技术产业。参照潘省初等投入产出表部门拆分产业的方法，从投入产出表（n 部门）中拆分出12个海洋产业，形成 $n+12$ 部门投入产出表。

然后，海洋产业投入产出表的表式设计。

参照投入产出表基本表式（包括中间使用部分、最终使用部分和增加值部分），设计海洋产业投入产出表。

最后，海洋产业投入产出表数据调整。

（1）参照有关学者调整投入产出数据的方法，对中国海洋产业投入产出表数据进行调整，调整步骤为：首先，确定12个海洋产业增加值，并计算与海洋产业对应的投入产出表中相应产业的增加值；其次，计算拆分权重，把某个海洋产业增加值占需要分解部门增加值的比例作为拆分权重；最后，数据拆分，利用计算出的权重对相应部门进行拆分，拆分出海洋产业后，被拆分产业的数据要相应减少，以保证投入产出表平衡。中间投入需要横向和纵向拆分，增加值部分只需要横向拆分，最终使用部分只需要纵向拆分。

（2）根据编制的海洋产业投入产出表，计算产业间直接消耗系数矩阵。直接消耗系数反映产业部门间直接后向拉动关系，以此作为建模系数矩阵。

(3) 临界值的确定。假设产业系统中存在 n 个产业，$E(i, m)$ 是对应于第 m 个产业的第 i 项的系数。将 $E(1, j)$，$E(2, j)$，…，$E(n, j)$ 按从大到小的顺序排列 $(j=1, 2, \cdots, n)$，第 i 个产业的第 j 项系数的威弗—托马斯 (Weaver-Thomas) 指数为：

$$W_{ij} = \sum_{k=1}^{N}\left[s(k,i) - 100 \times \frac{E(k,j)}{\sum_{k=1}^{N} E(k,j)}\right]^2 \tag{3-3}$$

其中 $s(k, i) = \begin{cases} \dfrac{100}{i} & k \leqslant i \\ 0 & k > i \end{cases}$

矩阵 W 为威弗—托马斯矩阵。设 $k = \min\{W(1, j), W(2, j), \cdots, W(n, j)\}$，则第 k 个产业所对应的指数 W_{ij} 为临界值。通过计算威弗—托马斯 (Weaver-Thomas) 指数，n 行将获得 n 个独立的临界值 α_1，α_2，…，α_n。

(4) 确定产业关联 0-1 矩阵 B。设 $A(i, j)$ 是关联系数矩阵 A 中的元素，则 $B(i, j) = \begin{cases} 1 & A(i, j) \geqslant \alpha_i \\ 0 & A(i, j) < \alpha_i \end{cases}$。$b_{ij}=1$ 表明产业 i 与产业 j 之间存在强关联关系，$b_{ij}=0$ 表明产业 i 与产业 j 之间不存在强关联关系。

(5) 根据矩阵 B 得到海洋产业网络模型，$b_{ij}=1$，则产业 i 与产业 j 之间有边相连，否则没有边相连。

3.2　沿海城市网络模型构建研究

3.2.1　城市网络简介

城市是社会生产力和社会分工发展的结果。降低保护财产安全的成本、节约协作费用、获取规模收益和外部经济是城市形成的重要因素，对经济效率的追求是城市形成的主要动力。哈里斯和厄尔曼 (Harris & Ullman, 1945) 指出“城市的本质是城市的内部组织关系”，泰勒 (Taylor, 2004)

指出"城市的第二本质是城市之间的关系"。全球一体化进程不断向前推进，强化了本土化和全球化的交互作用。在此过程中，城市作为本土以及全球活动的重要载体，联系更加紧密和多样。由城市和城市之间关系所形成的城市网络成为解释城市经济增长、创新扩散和竞争力的有效工具。

城市网络的思想出现在20世纪80年代以后城市地理学研究中。这一时期，经济全球化、信息化等因素加快了城市结构由单中心向多中心的转变。1986年弗里德曼（Friedmann）提出的"世界城市假说"，将世界城市按其重要程度分为"全球多国节点、国家级节点和区域性节点"，全球多国节点多是跨国公司总部所在地。该类城市因生产过程上下游的链条性，而与其生产过程所在城市发生关联，从而将城市相互连接起来。世界城市体系的网络化结构模式由此诞生。

随后，城市网络的思想被越来越多的学者所接受。1996年，卡斯泰尔（Castells）提出"流动空间"理论。该理论不再突出世界城市的区位属性，而是认为世界是由各种"流"构成的。城市作为生产、消费、服务等的重要空间和中心，融入资本流、信息流、组织互动流等之中；在这个融入的过程中，逐步架构起世界城市网络。泰勒（2001）指出，"城市网络"并非是指城市之间传统意义上架设的基础设施网络，如铁路、公路、机场等；真正的城市网络，是由流动的人、商品和信息创造的，是世界城市发挥其全球服务中心的作用，通过大型跨国生产性企业的全球区位战略，连接而成的。与此同时，世界城市的等级，也应相应地通过关系进行划分，而非通过城市区位。

尽管网络范式的城市体系取得了较快发展，但目前学术界对"城市网络"这一术语并没有统一的定义。从现有文献看，学术界主要从"流动空间"视角对城市网络内涵进行阐述，提出城市网络是由互补或相似的城市中心构成的、流动的网络体系，具有多中心空间结构、紧密分工与合作的网络联系、管治结构与模型网络化等特性；它可以提供专业化分工的经济性、协作整合与创新的外部性。（Henderson，2002；Camagni，2004；卢明华，2010；刘铮，2013；赵渺希等，2014；等等）。

卡马尼（Camagni，1993）指出城市网络存在城市间基础设施系统（如高速公路网络、铁路网络、排水网络等）和城市间通过经济活动和人进行的空间运动两个层面。类似的，马莱茨基（Malecki）指出城市网络有两种网络形式：一种是与人相关的网络，称为“软网络”，另一种是以基础设施为基础的网络，称为“硬网络”。从“流动空间”视角看，城市网络包括以通信网络设施（如城际数据传输）为基础的网络（Urena，2009；Wang，2011；Xiao，2013；王姣娥，2015；Modarres，2015；焦敬娟，2016）和以社会经济活动为基础（如企业总部与分支机构之间的业务往来）的网络（武前波，2012；王聪，2014；李仙德，2014）。赵炳新等（2016）提出以城市（国家）间产业（产品）关联为基础的城市（国家）网络模型。从已有文献看，城市网络类型主要包括基于基础设施的城市网络、基于企业经济活动的城市网络和基于产业（产品）关联的城市网络。本节主要介绍基于基础设施的城市网络建模，基于企业经济活动的城市网络建模和基于产业（产品）关联的城市网络建模将在后续章节介绍。

目前基于基础设施的城市网络主要包括基于交通系统的城市网络和基于信息系统的城市网络。

①基于交通系统的城市网络。

交通可达性指利用交通系统从某一给定区位到达活动地点的便利程度，反映两地区相互作用机会的潜能和克服空间分割的愿望和能力（Hansen，1959；Morris，1979；Shen，1998）。目前，国内外学者主要基于铁路、公路、海运和航空的可达性建立城市网络。例如，刘辉（2013）基于交通可达性，对地区间关联进行了研究，建立了区域网络，并研究网络特性，其指出在交通设施逐步完善的今天，城市间“时间距离”的减小使城市间关系变得紧密，城市区位和城市关系网络也在一直发生变化，并基于 GIS 网络和社会网络，利用 O - D 矩阵和引力场模型，分析了京津冀城市网络集中性和空间结构；王姣娥（2015）基于 OAG 计划数据，根据航空可达性，构建了“一带一路”沿线城市网络等。基于交通系统的可达性建立城市网络的步骤如下：

首先，构建 O - D 矩阵（X 矩阵），其中 O 为起点城市，D 为终点城市，即建立城市间直接关联矩阵。若城市 i 到城市 j 有交通线路（如有公路线路、铁路线路、航线等），则 $x_{ij}=1$，否则 $x_{ij}=0$。

其次，考虑城市间接关联。X 矩阵表示的是城市间的直接关联，在城市直接关联的基础上需要考虑城市间接联系，城市间接关联蕴涵在节点等级中，设 n 为城市总数，随着 n 的增加，节点间的间接关联不断减弱，设 A

为城市间接关联矩阵，$a_{ij} = \sum kx_{ik}x_{yk}$ 。a_{ij}是矩阵 X^n 的元素，x_{ik}是点 i 到点 k 的联系载荷。设矩阵 B 为点 i 到点 j 直接联系和间接联系的总和，$B = X + X^2 + X^3 + \cdots + X^n + \cdots$。

最后，根据城市间关联矩阵 B 建立城市网络模型。

②基于信息系统的城市网络。

基于信息系统的城市网络分为两类：基于信息系统的硬件条件和基于信息流动。基于信息系统硬件的城市网络模型建模类似于基于交通系统的城市网络建模，根据信息系统硬件建立城市间关联矩阵，依据城市间关联矩阵建立城市间网络模型。例如，阿布拉姆森等（Abramson et al.，2000）从基础设施角度，利用城市之间的互联网基础设施，研究信息空间的网络体系，从而建立起城市网络联系；汪明峰等（2006）站在信息基础设施角度，提出了一种评价国内城市互联网可达性的方法，并分析了五大骨干网络的空间结构和节点可达性；孙中伟等（2009）参照上年度世界互联网地图，利用网络分析方法，计算了城市间整体可达性和最短距离可达性，并结合总带宽和连线数据，重新划分了全球互联网城市的等级。

城市信息网络体系是信息流动与传递的过程，依据信息交流和用户网络关系建立城市之间的关系型数据，进而研究城市之间的联系。基于信息流动与传递建立的城市网络多采用西米尼（Simini）提出的辐射模型，城市间的辐射模型源自固体物理学中物质运动和发散理论并加以改进。该模型常用于模拟人口流、物流以及信息流过程，为分析两地之间的流动强度提供理论依据。因此其建模步骤为：

首先，依据辐射模型建立城市间关联矩阵，设城市 i 和城市 j 之间的信息流动强度，m_{ik} 为城市 i 的信息化指标 k 的标准值，K 为城市信息化指标的数量，T_i 为信息关注度，n 为城市数量，则根据辐射模型有：

$$T_{ij} = T_i \frac{\sum_{k=1}^{K} m_{ik} n_{jk}}{\sum_{k=1}^{K} m_{ik} \left(\sum_{k=1}^{K} m_{ik} + \sum_{k=1}^{K} m_{ik} \right)} \tag{3-4}$$

其次，根据城市间关联矩阵，建立城市网络模型。

基于信息流动与传递建立城市网络模型已有较为丰富的研究成果，例如，汤森等（Townsend et al.，2001）以国际交易电话量等指标作为信息流的关系性数据，建立了不同国家间的信息流网络进而对国家间信息网络的特征加以分析；熊丽芳等（2000）借助百度指数，以2009年和2012年度长三角地区两两城市间的用户关注度作为指标以模拟城市信息流，再现了长三角地区城市网络的时空演变过程；路紫等（2011）以开心网15个大学生群体为研究对象，应用信息熵和度分布两种方法，得到了社会性网络服务社区中人际节点空间分布特征及其地缘因素的影响；甄峰等（2012）以新浪微博为基础，利用微博用户关系的紧密程度反映城市间关系的紧密程度，其认为如果两个地区间微博用户关系紧密，那么这两个地区间关系紧密，并在社会网络视角下，研究中国城市网络发展特点；陈映雪等（2012）基于微博信息空间概念提出了社会网络分析方法，并对城市网络特征以及区域城市组团模式进行分析；李仙德（2013）利用上市公司数据研究了长三角地区的区域网络，利用长三角地区上市公司区域网络数据，综合运用社会网络分析、位序—规模分析，研究了长三角地区城市网络空间结构演变情况及影响城市空间结构演变的影响因素；赵映慧（2015）利用城市居民在网络搜索中的百度指数分析城市网络联系格局，从百度上得到东北三省34个城市2011～2013年两两城市间的百度指数，分别采用NetDraw、优势流分析法以及C-Value、D-Value层级分析法等手段，建立了东北三省的城市网络联系格局。

总而言之，基于基础设施构建的城市网络可以从一定程度上反映城市间的联系，但缺乏对城市关联内在规律的研究，主要从外在表象上对城市间关联进行描述和刻画，尚未探究城市关联的内在基础和深层次原因。

3.2.2　基于企业活动的沿海城市网络建模

城市之间基于因企业之间技术流、资金流等产生联系，企业间联系包括企业间竞争关联、上下游关系和总部对分支机构的控制关系。目前，基于企业活动的城市网络建模依据主要包括两类：一类是从城市商业服务视角，研究企业在不同城市产生的各种“流”，如信息流、知识流、指令流和建议流等，根据流空间建立城市网络模型，如泰勒等（2004）根据全球100个服务公司（分布于全球范围内315个城市）的信息资料，对世界城市网络的联系状况进行分析；另一类是基于网络分析方法，利用企业在不同城市的分布所组成的空间网络建立城市网络，如奥尔德森等（Alderson et al.，2007）基于500个大型跨国公司和分支机构在3692个城市中的区位，分析了由跨国公司作为引擎的城市网络。

基于企业活动的城市网络成果较多，例如，张闯（2007）选取中国连锁百强企业的店铺网络为样本，借鉴社会网络分析方法，分析了中国城市间流通网络的整体属性及其层级结构；武前波（2012）通过分析国内外城市网络研究的理论与方法，基于电子信息企业生产网络视角，对中国城市网络的空间特征进行了探索；董琦（2013）应用世界城市网络研究方法，依据中国主要物流企业总部及分公司的分布数据，建立了国内物流企业网络，并从物流企业网络中各城市网络连接度、网络总体形态结构和三大城市群网络格局比较三方面分析解读中国城市网络空间结构特征；吴康（2015）基于2010年企业名录的总部—分支机构型关联数据，研究构建了330×330的地级以上城市网络连接关系，并运用复杂网络分析工具来探索中国城市网络的空间组织特征。

本节基于城市网络构建方法，建立涉海企业在沿海城市分布的价值矩阵，进而得出沿海城市关联矩阵，基于沿海城市关联矩阵，构建沿海城市网络。为得到定量化数据指标，将各涉海企业设立总部、分公司及办事处的所在城市分别赋3分、2分和1分，建立沿海城市与涉海企业之间的价值矩阵V：

$$V=\begin{pmatrix} V_{11} & V_{12} & \cdots & V_{1n} & \cdots & V_{1t} \\ V_{21} & V_{22} & \cdots & V_{2n} & \cdots & V_{2t} \\ \vdots & \vdots & \ddots & \vdots & \ddots & \vdots \\ V_{m1} & V_{m2} & \cdots & V_{mn} & \cdots & V_{mt} \\ \vdots & \vdots & \ddots & \vdots & \ddots & \vdots \\ V_{s1} & V_{s2} & \cdots & V_{sn} & \cdots & V_{st} \end{pmatrix} \tag{3-5}$$

$$V_{mn}=\begin{cases} 3 & \text{城市 } m \text{ 有企业 } n \text{ 的总部} \\ 2 & \text{城市 } m \text{ 有企业 } n \text{ 的分公司} \\ 1 & \text{城市 } m \text{ 有企业 } n \text{ 的办事处} \\ 0 & \text{城市 } m \text{ 没有企业 } n \text{ 的分支机构} \end{cases} \tag{3-6}$$

城市 m 涉海企业聚集总分为 $V_m = \sum_{n=1} V_{mn}$，保留得分在3分及以上的城市，作为城市网络的节点。由于城市是企业活动的空间载体，两个城市中企业间的联系构成了城市之间的联系，因而，两个城市之间的连接程度就是由两个城市中共有的涉海企业之间联系累加得到的，定义城市 α 和城市 β 之间由涉海企业 n 产生的连接值为 $R_{\alpha\beta,n} = V_{\alpha n} \times V_{\beta n}$，城市 α 和城市 β 之间总连接值为 $R_{\alpha\beta} = \sum_{n} V_{\alpha n} \times V_{\beta n}$。基于此，建立 s 个城市之间的关联矩阵 $R_{s\times s}$，根据城市间关联矩阵建立沿海城市网络。

3.2.3 基于产业关联的沿海城市网络建模

在全球化背景下，基于比较优势的全球价值链分工促使城市产业结构从部门专业化转向价值链功能专业化，在城市网络中各个城市不再是传统的部门间贸易或商品贸易，转变为全新的产品内贸易模式，价值链内价值的实现则以中间产品流动为主要形式。最终形成以价值链分工为基础，以城市间产业（产品）关联为核心的城市网络结构。

海洋产业的关联关系由海洋产业网络确定，沿海城市网络模型以海洋产业关联为依据，描述城市间因海洋产业关联而产生的联系和相互影响。沿海城市网络模型以点对应城市，以边对应城市间联系。本书根据国民经济行业分类与代码（GB/T 4754 - 2011）明确海洋产业对应的相关企业，根据产业关联和相关企业总部及主要分公司地区分布情况确定地区间联系，在此基础上构建基于海洋产业关联的地区网络模型。

基于海洋产业关联的城市网络模型必有拐点存在。其拐点可由经验值试算方式确定，并且只有当城市间联系强于拐点时表示城市间存在关联关系。建模步骤如下：

第一步，确定城市网络模型中点的数量 k。

第二步，根据国民经济行业分类与代码（GB/T 4754 - 2011）明确海洋产业对应的相关企业，并确定这些企业的总部及主要分公司城市分布。如海洋渔业对应的企业，根据企业总部及主要分公司所在地明确企业城市分布。

第三步，设 N 为海洋产业网络，E 为 N 的边集，$v_i^{p(t)}$（$v_i \in E$，$p = 1$，

2，…，k，$t \geqslant 0$）表示产业 v_i 在 p 城市有 t 个相关企业，$v_j^{q(s)}$（$v_j \in E_{k\max}$，$q = 1, 2, \cdots, k$，$s \geqslant 0$）表示产业 v_j 在 q 城市有 s 个相关企业，若 $\overrightarrow{v_i v_j} \in E$，则 p 城市和 q 城市有边相连且边的权重为 $w_{ij}^{pq} = t \times s$。

第四步，建立城市关联矩阵 $H = (h_{pq})_{k \times k} = \sum_{i=1}^{n_{k\max}} \sum_{j=1}^{n_{k\max}} w_{ij}^{pq}$。以敏感性试算拐点的方式确定城市关联的临界值，从城市关联矩阵的行项出发，利用威弗指数确定 n 行对应的 n 个临界值 α_1，α_2，…，α_n。在此基础上确定城市关联 0－1 矩阵 F，$F(p, q) = \begin{cases} 1 & H(p, q) \geqslant \alpha_p \\ 0 & H(p, q) < \alpha_p \end{cases}$，$F(p, q) = 1$ 说明 p 城市与 q 城市有边相连，$F(p, q) = 0$ 说明 p 城市与 q 城市没有边相连。

3.3 本章小节

本章明确指出海洋经济是一种新型经济形态，具有绿色经济的特征，是由特定产业组成的产业族，其核心理念是海陆协同和可持续发展。根据海洋经济的内涵界定了海洋产业，并从网络视角给出了海洋产业的网络定义。明确海洋经济内涵和从网络视角界定海洋产业是网络建模的基础，在此基础上分析了网络建模的机理。

结合海洋经济内涵和海洋产业界定，本章利用图与网络方法，构建了海洋产业网络模型。海洋产业网络首先需要编制海洋产业投入产出表，量化产业部门间的关联关系，利用威弗指数找出产业间的强关联关系，过滤掉产业间弱关联关系。以产业对应网络中的点，以产业间关系对应网络中的边，在此基础上构造海洋产业网络模型。

在构建海洋产业网络模型的基础上，根据海洋产业关联关系，建立城市网络模型描述城市间因海洋产业关联而产生的联系和相互影响。城市网络模型以点对应城市，以边对应城市间联系。本章根据国民经济行业分类与代码（GB/T 4754—2011）明确海洋产业对应的相关企业，根据产业关联和相关企业总部及主要分公司城市分布情况确定城市间联系，在此基础上构建基于海洋产业关联的城市网络模型。

第4章　海洋经济网络指标体系设计

4.1　产业网络指标体系设计

4.1.1　指标设计原则

产业网络指标体系设计应遵循以下原则：

（1）系统性原则。产业网络指标体系应系统地描述产业网络中产业关联的结构特征，要能包括产业的投入结构、基础关联结构、强子图结构和产业波及结构等，确保产业关联关系及其特征描述的系统性和完整性。

（2）有效性原则。指标设计的基本要求是能客观地反映产业间关联及其结构，产业网络结构指标要基于产业网络实际，客观有效地描述和评价产业关联实际情况，有效反映出产业在网络中的地位和作用。

（3）可计算原则。指标的有效性是通过指标的可计算性实现的，在指标设计过程中，要考虑指标在算法实现上的要求及可能性，可计算可操作的指标体系才具有一定的理论和实际应用价值。

4.1.2　产业投入产出系数

（1）消耗系数。

消耗系数分为直接消耗系数和完全消耗系数。直接消耗系数是生产单位产业的产品对其他各个产业的产品或服务的直接使用量，是反映投入结构的最常用参数。直接消耗系数的计算公式为：

$$a_{ij}=\frac{x_{ij}}{X_j}(i,j=1,2,\cdots,n) \tag{4-1}$$

其中，x_{ij}表示生产经营过程中产业j直接消耗产业i的产品或服务的数量，X_j表示产业j的总投入。直接消耗系数a_{ij}越大，表明第j产业对第i产业的直接依赖性越强；反之，说明直接依赖性越弱。

完全消耗系数是指某一产业j每提供一个单位的最终产品和服务时，对其他产业i的产品或服务直接和间接消耗数量的和。完全消耗系数矩阵的计算公式为：

$$B=(I-A)^{-1}-I \tag{4-2}$$

其中A是直接消耗系数矩阵。完全消耗系数b_{ij}越大，表明第j产业对第i产业的完全依赖性越强；反之，说明完全依赖性越弱。

（2）分配系数。

分配系数分为直接分配系数和完全分配系数。直接分配系数记为h_{ij}，表示产业i生产的产品和服务直接分配给产业j作为中间产品直接使用的数量占该产品和服务总产出的比例。直接分配系数的计算公式为：

$$h_{ij}=\frac{x_{ij}}{X_i}(i,j=1,2,\cdots,n) \tag{4-3}$$

其中完全分配系数w_{ij}表示某一产业i单位总产出直接和间接分配给产业j的数量，表明产业i对产业j的贡献程度。完全分配系数矩阵的计算公式为：

$$W=(I-H)^{-1}-I \tag{4-4}$$

其中H是直接分配系数矩阵。完全分配系数w_{ij}越大，说明产业i对产业j的贡献程度越大；反之，说明贡献程度越小。

（3）产业波及系数。

某产业变化导致其他产业变化的情况被称作该产业的波及效应。产业波及效应包括影响力和感应度两个指标。

影响力指某产业对其他产业的影响程度；影响力系数反映的是某产业

增加一个单位的最终使用时，其他国民经济部门需要提供多少产出量。影响力系数的计算公式为：

$$F_j = \frac{\sum_{i=1}^{n} b_{ij}}{\frac{1}{n}\sum_{i=1}^{n}\sum_{j=1}^{n} b_{ij}}(i,j = 1,2,\cdots,n) \tag{4-5}$$

如果某产业的影响力系数大于1，就说明该产业的影响力处于平均水平以上；反之，处于平均水平以下。

感应度反映的是某产业受其他产业影响的程度，感应度系数反映的是国民经济各部门均增加一个单位的最终使用时，某产业需要为其他产业提供多少产出量。感应度系数的计算公式为：

$$E_i = \frac{\sum_{j=1}^{n} b_{ij}}{\frac{1}{n}\sum_{i=1}^{n}\sum_{j=1}^{n} b_{ij}}(i,j = 1,2,\cdots,n) \tag{4-6}$$

如果某产业的感应度系数大于1，就说明该产业的感应度处于平均水平以上；反之，处于平均水平以下。

4.1.3　产业基础关联

（1）产业关联度。

产业网络中节点的度是描述产业网络结构特征的基本指标，在产业网络中称为产业关联度。产业关联度在产业网络中根据方向分为产业关联出度和产业关联入度。产业关联出度描述了产业节点直接供给的前向产业数量，而产业关联入度描述了产业节点直接需求的后向产业数量。设N为产业网络，$A=(a_{ij})_{n\times n}$为$A=(a_{ij})_{n\times n}$的邻接矩阵，则有：

$$ID_i = \sum_{j=1}^{N} a_{ji} \tag{4-7}$$

$$OD_i = \sum_{j=1}^{N} a_{ij} \tag{4-8}$$

其中，ID_i 表示产业关联入度，OD_i 表示产业关联出度。产业关联度为产业关联入度和产业关联出度的和。

例如，图4－1表示的产业网络，其邻接矩阵为：

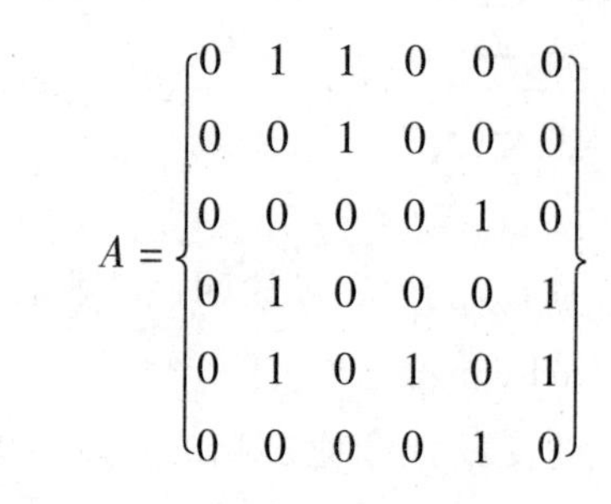

$$A=\begin{pmatrix}0&1&1&0&0&0\\0&0&1&0&0&0\\0&0&0&0&1&0\\0&1&0&0&0&1\\0&1&0&1&0&1\\0&0&0&0&1&0\end{pmatrix}$$

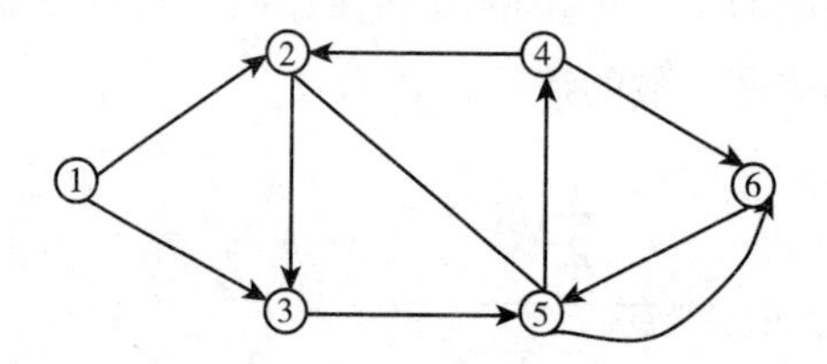

图4－1　产业关联度示意

根据产业关联度的定义，对于产业 v_4，产业关联入度为 $ID_4=\sum_{j=1}^{N}a_{j4}=1$，产业关联出度为 $OD_4=\sum_{j=1}^{N}a_{4j}=2$。

（2）产业基础关联树。

在产业网络中，产业基础关联效应指满足以下条件的子网络产生的效应：第一，该子网络能将所有产业连接起来；第二，关联边最少且在网络中有较大影响。因此，常用生成树描述产业基础关联结构。设 N 是产业网络，$V=\{v_1, v_2, \cdots, v_n\}$ 是 N 的产业集，$E=\{e_1, e_2, \cdots, e_n\}$ 是 N 的边集，边的权重表示产业间关联系数。存在 $V_t\subseteq V$，使导出子网络 $N_t=N[V_t]$ 为区域间产业网络中的最大权树，则称 N_t 为产业基础关联树。

产业在基础关联树上的分布及其结构不同，反映了产业对区域产业系统支撑的程度不同，根据产业重要性划分根产业、一级主干产业、二级主干产业、枝干产业和叶产业。其中，根产业是基础关联树中关联系数最大的产业，叶产业是基础关联树的终端产业。

①一级主干及一级主干产业定义。

设 V_l 是基础关联树叶产业的集合，$V_l \subseteq V_t$，对任意两个叶产业 $v_p v_q$，在基础关联树中存在连接两个叶产业的最短产业链。即 $\forall v_p \in V_l$，$\forall v_q \in V_l$，在产业网络 N 中，存在 v_p 到 v_q 的最短路，记作 $d(v_p, v_q)$。V_l 中叶节点之间的最大距离 $\max\limits_{v_p, v_q \in V_l} d(v_p, v_q)$ 为基础关联树的直径，称作一级主干，其长度记为 $l_{\max}$。一级主干是基础关联树中最长的通道或半通道。

一级主干上除根产业和叶产业外的产业称作一级主干产业，一级主干产业的集合记作 V_{top}。

②基础关联树产业链链长分布。

设基础关联树上共有 n_l 个叶产业，叶产业间共有 $\frac{n_l(n_l-1)}{2}$ 条产业链，产业链长度最小为 3，最大为 $l_{\max}$，以 $n_{l_i}(p)$ 表示产业链长为 $i(i=3, 4, \cdots, l_{\max})$ 的数目，则称 $w_p = \begin{pmatrix} 3 & 4 & \cdots & l_i & \cdots & l_{\max} \\ n_{l_3}(p) & n_{l_4}(p) & \cdots & n_{l_i}(p) & \cdots & n_{l_{\max}}(p) \end{pmatrix}$ 为叶产业 v_p 到其他叶产业最短产业链的链长分布，称 $\Omega = \begin{pmatrix} 3 & 4 & \cdots & l_i & \cdots & l_{\max} \\ \sum\limits_{p=1}^{n_l} n_{l_3}(p) & \sum\limits_{p=1}^{n_l} n_{l_4}(p) & \cdots & \sum\limits_{p=1}^{n_l} n_{l_i}(p) & \cdots & \sum\limits_{p=1}^{n_l} n_{l_{\max}}(p) \end{pmatrix}$ 为基础关联树产业链的链长分布。

基础关联树上叶节点间的产业链数目为 m：

$$m = \sum_{i=3}^{l_{\max}} \sum_{p=1}^{n_l} n_{l_i}(p) \tag{4-9}$$

一级主干数目为 m_{top}：

$$m_{top} = \sum_{p=1}^{n_l} n_{l_{\max}}(p) \tag{4-10}$$

③二级主干及二级主干产业。

本书将一级主干和二级主干定义为基础关联树的关键产业链。本书利用威弗指数确定关键产业链中最短产业链的长度，在此基础上识别二级主干，具体步骤如下：

第一步，确定关键产业链中最短产业链的长度。设基础关联树产业链长度矩阵为 $L=(3, 4, \cdots, l_{\max})$，利用威弗指数确定 L 矩阵中的临界值 l_c。

第二步，确定关键产业链中的二级主干。$\exists l \in L$，当且仅当 $l_c \leqslant l < l_{\max}$，称链长 l 对应的产业链为基础关联树的二级主干。

第三步，设二级主干的数量为 $m_{\sec}$，则有：

$$m_{\sec} = \sum_{p=1}^{n_l} \sum_{i=l_c}^{l_{\max}} n_{l_i}(p) - \sum_{p=1}^{n_l} n_{l_{\max}}(p) \tag{4-11}$$

二级主干上除根产业、叶产业和一级主干产业外的产业称作二级主干产业。

枝干产业指基础关联树上除根产业、一级主干产业、二级主干产业和叶产业之外的产业。

④区域间产业基础关联效应。

对于区域间产业网络，其网络中节点具有区域和产业两重属性，因此，区域间基础关联树既可以反映产业间关联，同时也可以反映区域间关联。基于区域间基础关联树定义区域间产业基础关联效应，通过研究产业多元结构关系来定量描述区域关系及相互影响。

设 N 是包含 $m \times n$ 个产业的区域间产业网络，导出子网络 $N_t = N[V_t]$ 为区域间基础关联树。设区域间基础关联树上产业总数为 n_t，根产业、一级主干产业、二级主干产业、枝干产业和叶产业的数量分别为 n_r，n_{top}，$n_{\sec}$，n_b 和 n_l，且有 $n_t = n_r + n_{top} + n_{\sec} + n_b + n_l$。根产业、一级主干产业、二级主干产业、枝干产业和叶产业中属于 h 地区的产业数量分别记为 n_r^h，n_{top}^h，$n_{\sec}^h$，n_b^h 和 $n_l^h$$(h=1, 2, \cdots, m)$。

定义 h 地区根产业基础关联结构效应为：

$$FLE_r^h = \frac{n_r^h}{n_r} \Big/ \frac{n_r}{n_t} \tag{4-12}$$

其中，$\frac{n_r^h}{n_r}$是根产业中 h 地区产业所占的比例，$\frac{n_r}{n_t}$是根产业数量占基础关联树中所有产业数量的比例。

同样地，h 地区一级主干产业基础关联结构效应为：

$$FLE_{top}^{h} = \frac{n_{top}^{h} \times n_{t}}{n_{top}^{2}} \tag{4-13}$$

h 地区二级主干产业基础关联结构效应为：

$$FLE_{sec}^{h} = \frac{n_{sec}^{h} \times n_{t}}{n_{sec}^{2}} \tag{4-14}$$

h 地区枝干产业基础关联结构效应为：

$$FLE_{b}^{h} = \frac{n_{b}^{h} \times n_{t}}{n_{b}^{2}} \tag{4-15}$$

h 地区叶产业基础关联结构效应为：

$$FLE_{l}^{h} = \frac{n_{l}^{h} \times n_{t}}{n_{l}^{2}} \tag{4-16}$$

4.1.4 产业介数

产业介数是指在产业网络中经过产业节点的最短路径数目。指标反映了产业节点 i 对于产业网络中节点对之间沿着最短路进行资源交换的控制能力，位于多重产业关系交汇位置的产业节点具有较大的产业介数，往往是区域内的关键性产业或者瓶颈产业。产业介数计算公式如下：

$$\text{产业介数 } BC_{i} = \sum_{m \neq i \neq n} \frac{l_{mn}^{i}}{l_{mn}} \tag{4-17}$$

其中，l_{mn} 为产业节点 m 和产业节点 n 之间最短路径的总数目，l_{mn}^{i} 为产业节点 m 和 n 的最短路径经过产业节点 i 的数目。

4.1.5 产业结构洞

产业结构洞定义为目标产业由于产业网络中存在无直接关系或关系间断现象而拥有的获取和控制资源的能力。处于结构洞位置的产业节点比产业网络中其他位置上的节点更具有竞争优势，拥有更多的信息与资源优势，应着重避免这些产业成为区域发展的“瓶颈”产业。本书选取“产业限制度”和“产业有效规模”这两个结构性指标来刻画产业结构洞状态。

产业有效度是指产业网络中产业节点实际拥有的结构洞多少，可以利用产业节点的关联度减去产业节点个体网络中存在的冗余关系得到。产业限制度是指产业网络中目标产业节点与其他产业节点间直接或间接的联系程度大小。产业限制度越大，产业网络闭合性越好，产业网络中结构洞越少。产业限制度可以利用伯特（Burt）提出的结构约束算法进行计算。

4.1.6 强连通子图

（1）强连通子图。

产业网络中一般存在这样的子网络，从任一节点出发沿着网络边的方向能到达其他产业节点，这种子网络称为强连通子网。

设 N 为产业网络，$N_s \subseteq N$ 为产业子网络，如果 $\forall v_i \in V(N_s)$，产业 v_i 到 N_s 中任一产业 $v_j \in V(N_s) \backslash v_i$ 都存在有向路，则称 N_s 为强连通子图。

例如，在图 4－2 中，$N_s = \{v_1, v_3, v_6, v_7, v_8, v_9\}$，$\forall v_i \in V(N_s)$，产业 v_i 到 N_s 中任一产业 $v_j \in V(N_s) \backslash v_i$ 都存在有向路，根据强连通子图定义，$N_s = \{v_1, v_3, v_6, v_7, v_8, v_9\}$ 为强连通子图，即虚线部分为该产业网络的一个强连通子图。

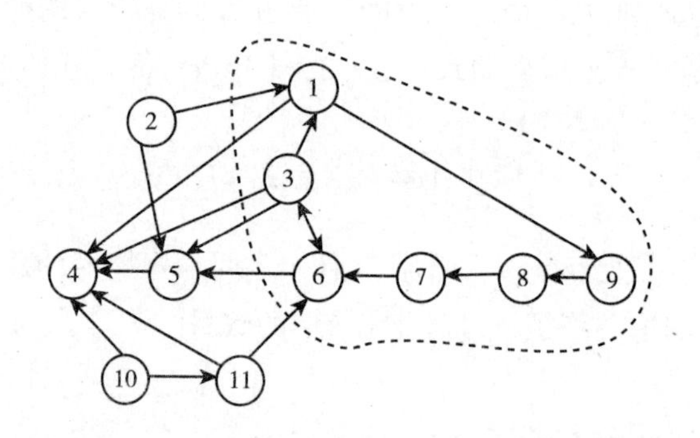

图 4－2　强连通子图示意

（2）强连通核。

产业网络中可能包含多个强连通子网，其中包含产业节点最多的强连通子网称为产业网络结构中的强连通核。一般来说，特定的产业网络中只包含一个表示经济核心结构的强连通核。强连通核是整个网络连通性最强的结构，描述了区域经济中稳定性最高的关联结构层级，其中包含着具有重要意义的循环性产业链和区域产业集聚的产业分工体系的基本结构。

4.1.7　产业 k – 核

产业 k – 核描述了产业在产业网络中的层级结构和集聚结构，是指产业网络中所有关联度不小于 k 的产业节点组成的连通子网络。根据 k – 核理论，对于产业网络进行 k – 核分解，能得到明显的产业群层级结构，在不同核值的产业网络子图中，核值 k 越大，说明产业节点间的联系越强，产业层级越高。

设 $N=(V, E)$，V 为产业节点集合，E 为节点间弧集合，$V' \subseteq V$ 为产业节点子集，$N_k \subseteq N$ 为产业子网络，$N_k = N(V')$，如果对于 $\forall v \in V'$，产业节点 v 的度 $degree(v) \geqslant k$，且 N_k 为具有这一性质的最大子图，则称产业子网络 N_k 为 k – 核。在连通产业网络中，当 $k=1$ 时，1 – 核子网络就是整个产业网络。

例如，在图 4 – 3 中，取 $V=\{v_1, v_2, v_3, v_5\}$，对于产业子网络 $N_k = N\{v_1, v_2, v_3, v_5\}$ 中任一产业 v，产业节点 v 的度都有 $degree(v) \geqslant 3$，且 N_k 为具有这一性质的最大子图，根据 k – 核定义知 N_k 为 3 – 核。

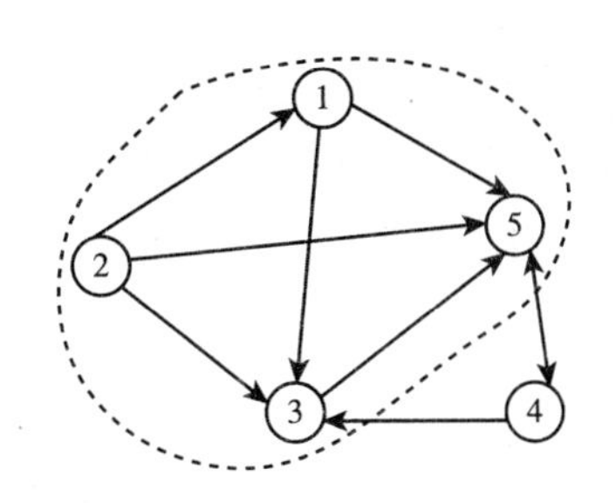

图 4 – 3　k – 核示意

在产业网络中，具有最大核值的 k – 核子图称为产业主核图；在产业主核图中，关联度最大的产业节点为产业网络的核心产业，核心产业在产业网络中处于重要地位，其较小的变化足以带动其他产业和整个国民经济发生变化。

例如，在图 4 – 4 中，1 – 核子图和 2 – 核子图为整个产业网络 $N=\{v_1,$

v_2，v_3，v_4，$v_5\}$，3－核子图为产业子网络 $N=\{v_2, v_3, v_5\}$，4－核子图为产业子网络 $N=\{v_5\}$，其中具有最大核值的4－核子图 $N=\{v_5\}$ 称为产业主核图。

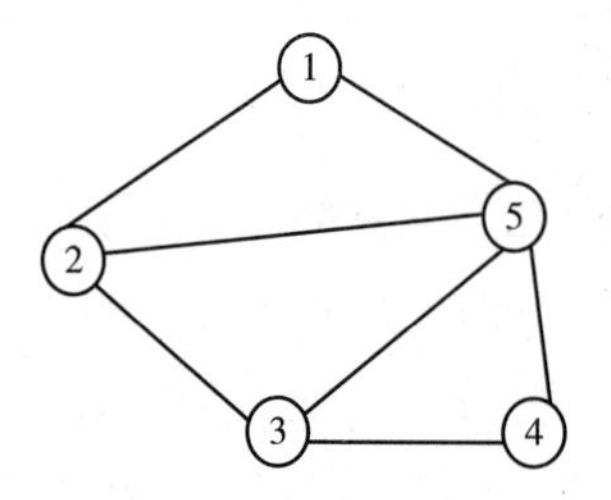

图4－4　k－核示意

产业主核图中产业相互之间关联性密集，前、后向关联强度较大，一般拥有较强的“集聚效应”和“扩散效应”。由于产业网络是有向网络，需要从产业节点的入度和出度两个方面采用 k－核方法分解：基于产业子图节点最小入度，可定义后向关联 k－核网络，基于产业子图节点最小出度，可定义前向关联 k－核网络。

4.1.8　产业链路长分布

产业链路长分布是对区域内产业链长度的整体刻画，描述了产业网络中产业间距离的数量和比重分布情况，一定意义上能体现区域经济整体的生产迂回程度与分工细化程度。产业链路长分布可从产业关联距离矩阵中，利用如下公式得出：

$$p_{d=k}=\frac{N_{d=k}}{\sum_{l=1}^{n}N_{d=l}} \tag{4-18}$$

其中，$N_{d=k}$表示在产业网络中，产业关联距离为 k 的产业链数目，$p_{d=k}$ 为区域长度为 K 的产业链所占比重大小。产业链路长分布状况描述了区域产业布局和产业结构高级化特征。

在产业网络中，最长的产业链能关联最多的产业，是衡量产业网络结构的一个重要指标。

设N为产业网络，v_i，$v_j \in V(N)$，d_{ij}为产业v_i到产业v_j的有向距离，$N_l \subseteq N$为产业有向路，$N_l = \{v_0，e_{01}，v_1，e_{12}，v_2 \cdots\cdots v_n\}$，如果满足$n = \max(d_{ij})$，则称$N_l$为产业网络中的最长路。

对于如图4－5所示的产业网络，找v_1与v_3之间的最长路。经计算知$3 = \max(d_{13})$，根据最长路定义，称$N_l = \{v_1，e_{01}，v_1，e_{12}，v_2 \cdots\cdots v_3\}$为产业最长路，见图4－5虚线部分。

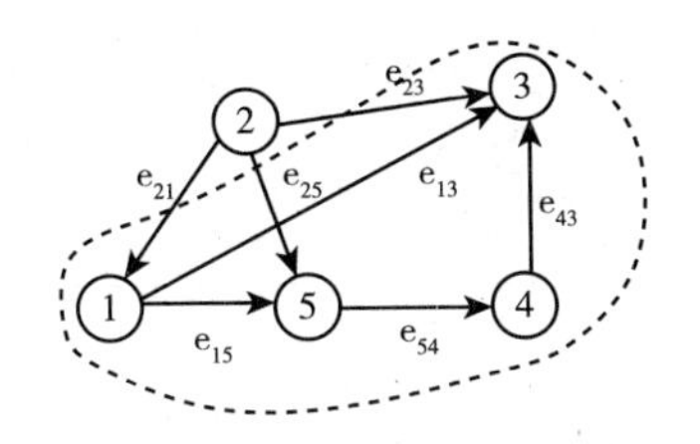

图4－5　最长路示意

4.1.9　计算实例

为了验证本书提出的产业网络指标的有效性及可操作性，本节以2002年和2007年中国42部门投入产出表为依据，计算产业各项结构指标，在指标计算的基础上，分析比较中国2002年和2007年中国产业关联关系。

（1）中国2002年和2007年产业网络指标计算。

首先根据产业网络建模方法，基于2002年中国42部门投入产出表，建立2002年中国产业42部门产业网络。在此基础上，计算产业网络各项指标，具体计算结果见表4－1和表4－2。

表4－1　2002年中国产业网络指标计算结果

指标 / 产业	产业关联度		产业网络波及系数		产业网络结构洞		产业介数
	产业关联出度	产业关联入度	产业网络影响力系数	产业网络感应度系数	产业限制度	产业有效度	
1	9	3	0.43	2.77	0.21	6.50	17.20
2	4	6	0.76	0.86	0.23	4.35	11.58
3	2	2	0.17	1.08	0.37	2.13	1.42

续表

指标 产业	产业关联度		产业网络波及系数		产业网络结构洞		产业介数
	产业关联出度	产业关联入度	产业网络影响力系数	产业网络感应度系数	产业限制度	产业有效度	
4	1	6	0.95	0.21	0.24	3.71	0.75
5	2	7	1.00	0.15	0.20	4.50	1.43
6	4	4	1.17	0.76	0.27	4.19	4.68
7	4	4	1.13	1.20	0.20	5.75	4.19
8	1	7	1.86	0.04	0.22	5.31	2.87
9	2	5	1.11	0.13	0.21	4.43	1.46
10	11	4	0.84	1.53	0.15	10.33	11.38
11	9	4	1.20	1.31	0.20	6.88	52.61
12	22	5	0.70	7.09	0.13	19.76	56.78
13	3	12	1.64	0.35	0.16	9.47	36.04
14	9	7	1.05	3.78	0.16	9.31	86.30
15	7	6	1.62	0.69	0.18	7.04	18.87
16	19	7	1.48	2.33	0.14	15.52	89.90
17	6	6	1.43	0.66	0.19	6.21	42.95
18	9	8	1.86	1.19	0.17	9.03	50.11
19	5	4	0.87	1.98	0.23	4.67	43.91
20	2	9	2.16	0.09	0.20	6.00	13.23
21	0	8	1.60	0.00	0.21	5.06	0.00
22	1	0	0.00	0.08	1.00	1.00	0.00
23	15	7	0.86	2.22	0.15	14.20	89.56
24	0	7	1.47	0.00	0.28	3.79	0.00
25	0	6	0.80	0.00	0.25	3.00	0.00
26	4	13	2.05	0.28	0.13	12.38	98.20
27	30	4	0.62	4.23	0.11	23.59	127.99
28	0	9	1.13	0.00	0.19	5.61	0.00
29	8	7	0.88	0.55	0.13	11.40	76.93
30	32	6	0.53	4.45	0.11	26.88	216.45
31	7	3	0.98	0.58	0.18	7.30	30.74
32	9	5	0.33	0.90	0.18	8.04	170.48

续表

产业 \ 指标	产业关联度		产业网络波及系数		产业网络结构洞		产业介数
	产业关联出度	产业关联入度	产业网络影响力系数	产业网络感应度系数	产业限制度	产业有效度	
33	3	3	0.26	0.23	0.28	4.08	90.48
34	4	9	1.44	0.26	0.19	7.81	50.52
35	0	2	0.49	0.00	0.50	2.00	0.00
36	0	7	0.96	0.00	0.24	4.07	0.00
37	0	5	0.38	0.00	0.26	3.40	0.00
38	0	7	0.84	0.00	0.21	5.14	0.00
39	0	4	0.37	0.00	0.28	3.13	0.00
40	0	3	0.99	0.00	0.38	2.00	0.00
41	0	6	0.88	0.00	0.25	3.83	0.00
42	0	7	0.68	0.00	0.20	5.71	0.00

表4-2　　　　2007年中国产业网络指标计算结果

产业 \ 指标	产业关联度		产业网络波及系数		产业网络结构洞		产业介数
	产业关联出度	产业关联入度	产业网络影响力系数	产业网络感应度系数	产业限制度	产业有效度	
1	10	2	0.29	4.03	0.23	7.29	29.00
2	4	4	0.45	0.50	0.22	5.44	41.05
3	2	5	0.10	2.99	0.25	4.64	23.44
4	1	5	0.72	0.23	0.24	4.42	7.78
5	1	6	0.71	0.05	0.28	4.00	0.00
6	4	3	2.08	0.96	0.30	4.14	21.19
7	2	2	1.57	2.20	0.45	2.00	0.00
8	0	4	3.02	0.00	0.48	2.00	0.00
9	1	3	1.03	0.02	0.35	2.75	4.50
10	5	3	0.94	0.58	0.18	6.63	16.87
11	11	2	2.58	0.84	0.18	9.31	64.29
12	25	3	0.38	10.48	0.10	23.29	137.07
13	3	8	0.99	0.27	0.22	6.86	13.70

续表

指标/产业	产业关联度		产业网络波及系数		产业网络结构洞		产业介数
	产业关联出度	产业关联入度	产业网络影响力系数	产业网络感应度系数	产业限制度	产业有效度	
14	10	5	0.71	8.33	0.16	10.97	88.50
15	8	4	3.21	0.26	0.21	7.29	14.47
16	12	4	1.93	1.20	0.18	9.72	34.67
17	5	5	1.70	0.29	0.17	7.75	58.87
18	10	5	2.66	0.57	0.18	9.17	62.58
19	7	5	0.75	2.78	0.19	8.04	30.70
20	2	7	3.11	0.02	0.23	5.94	8.45
21	0	6	1.36	0.00	0.29	4.33	0.00
22	2	0	0.00	0.03	0.50	2.00	0.00
23	11	4	0.44	2.10	0.15	11.57	155.83
24	0	2	1.02	0.00	0.50	2.00	0.00
25	0	5	0.69	0.00	0.29	3.60	0.00
26	1	7	1.57	0.02	0.21	5.69	6.10
27	14	3	0.42	1.64	0.10	15.12	121.42
28	0	6	0.39	0.00	0.26	3.50	0.00
29	1	4	0.42	0.06	0.33	2.90	7.03
30	6	3	0.15	1.12	0.20	6.50	43.82
31	7	4	1.41	0.14	0.15	9.32	32.86
32	8	5	0.06	0.24	0.16	9.12	177.70
33	2	0	0.03	0.02	0.50	2.00	0.00
34	6	9	0.86	0.05	0.17	10.03	65.27
35	0	7	0.13	0.00	0.21	5.29	0.00
36	0	6	0.41	0.00	0.23	4.67	0.00
37	1	5	0.08	0.00	0.23	4.75	2.83
38	0	4	0.44	0.00	0.28	3.38	0.00
39	0	6	0.11	0.00	0.27	3.75	0.00

续表

指标 产业	产业关联度		产业网络波及系数		产业网络结构洞		产业介数
	产业关联出度	产业关联入度	产业网络影响力系数	产业网络感应度系数	产业限制度	产业有效度	
40	0	3	2.46	0.00	0.36	2.67	0.00
41	0	5	0.47	0.00	0.29	3.40	0.00
42	0	3	0.15	0.00	0.33	3.00	0.00

根据计算结果，可以发现在同一个指标下，不同产业的指标值存在一定差异性，说明不同产业在同一个观测项下重要性不同的。相同产业的不同指标数值也不同，说明产业在不同的关联类型中所处地位是不同的。例如，在中国2007年42部门产业网络中，12号产业（化学工业）的产业关联出度排名是第一位，但是其产业关联入度排名很靠后，说明化学工业受其他产业影响较大，同时应促进其发展，防止其成为“瓶颈”产业。

此外，对2002年和2007年产业网络中产业基础关联树、强连通图，链路分布等进行测算。

①产业基础关联树。

第一，2002年中国基础关联树。

在中国2002年42部门产业网络基础上，根据基础关联树定义，利用MATLAB软件，求出中国2002年产业网络中的基础关联树，为形象展示基础关联树中产业之间的关系，本书利用ucinet可视化基础关联树中各产业的联系，具体见图4-6。

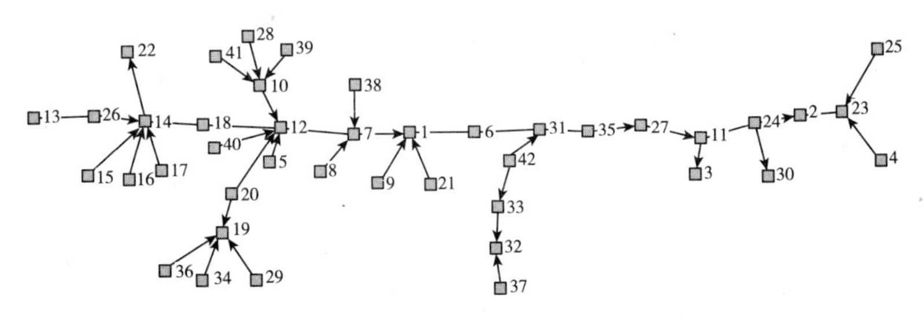

图4-6 2002年中国产业网络基础关联树

第二，2007年中国基础关联树。

在中国2007年42部门产业网络基础上，根据基础关联树定义，利用MATLAB软件，求出中国2007年产业网络中的基础关联树，为形象展示基础关联树中产业之间的关系，本书利用Visio画出基础关联树中各产业的联系，具体见图4-7。

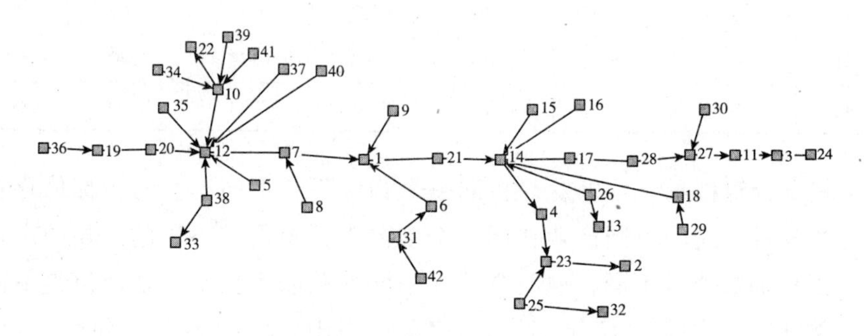

图4-7　2007年中国产业网络基础关联树

②强连通核。

在中国2002年42部门产业网络基础上，根据强连通核定义，利用UCINET软件，求出中国2002年产业网络中的强连通核。具体见图4-8。

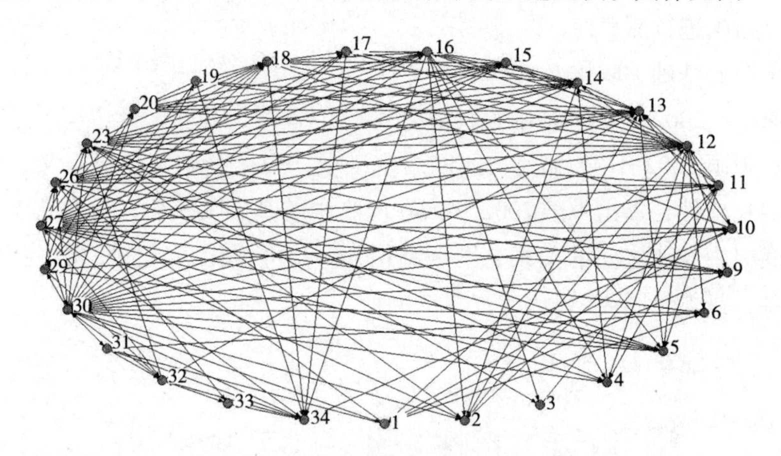

图4-8　2002年中国42部门产业网络的强连通核示意

从图4-8可以看出，中国2002年42部门产业网络的强连通核中包含27个产业，其中包括第一产业农业，第二产业中的19个产业和第三产业中的7个产业；说明农业在我国发挥着基础性作用，第二产业在产业系统中有主导地位，同时第三产业对其他产业发展有重要影响。此外，可以看出强连通核内的制造业占有较大比重，同时建筑业也处于强连通核中，说明这些处于是推动中国经济发展的重要力量。

在中国2007年42部门产业网络基础上，根据强连通核定义，利用UCINET软件，求出中国2007年产业网络中的强连通核。具体见图4－9。

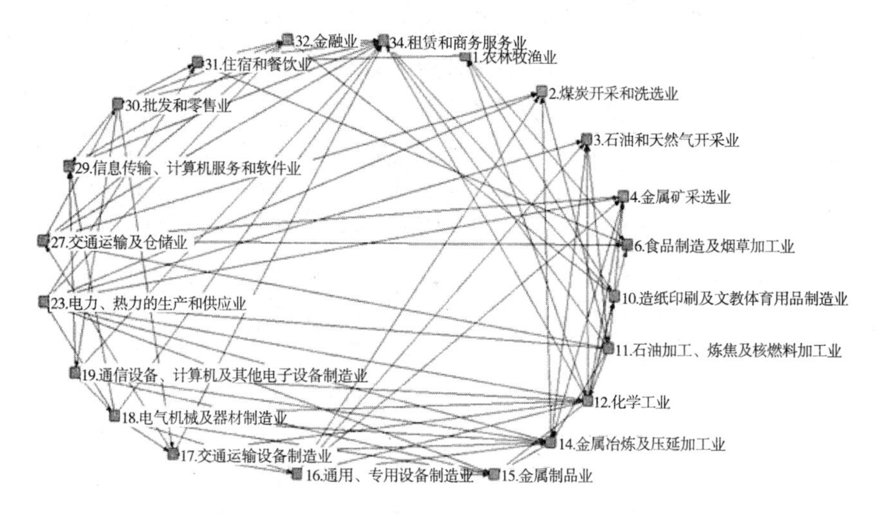

图4－9　2007年中国42部门产业网络的强连通核

从图4－9可以看出，中国2007年42部门产业网络的强连通核中包含21个产业，其中包括第一产业农业，第二产业中的14个产业和第三产业中的6个产业；说明农业在我国发挥着基础性作用，第二产业在产业系统中有主导地位，同时第三产业对其他产业发展有重要影响。此外，可以看出强连通核内的制造业占有较大比重，是推动中国经济发展的重要力量。

③k－核。

在中国2002年42部门产业网络基础上，根据k－核定义，利用UCINET软件，求出中国2002年产业网络中的k－核。具体见图4－10。

核心：8－核中的产业组成，8－核中共13个产业，分别是2，5，11，12，13，14，15，16，18，20，23，27，30。这个核心是对产业网络有重要影响的产业群，在产业网络中处于中心地位，这13个产业中有11个产业属于第二产业工业，说明工业对推动我国国民经济的发展具有重要作用。

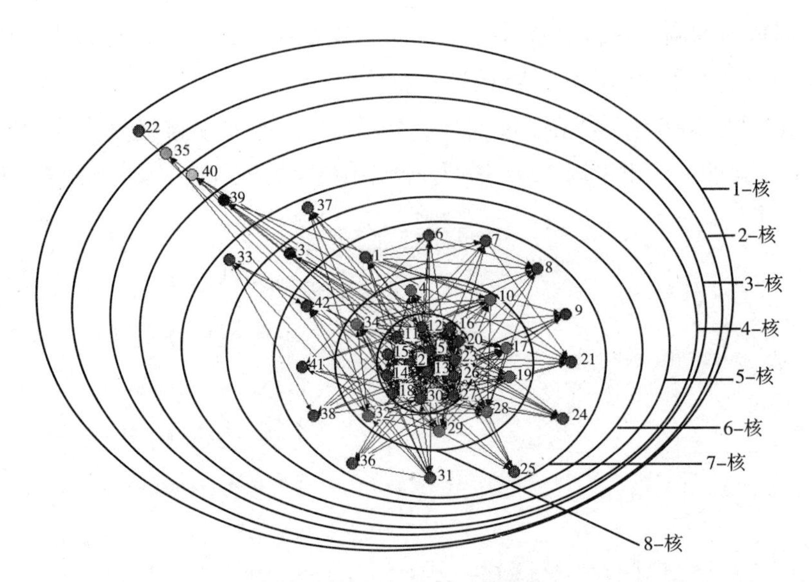

图 4－10　2002 年中国 42 部门产业网络的 *k*－核示意

在中国 2007 年 42 部门产业网络基础上，根据 k－核定义，利用 UCINET 软件，求出中国 2007 年产业网络中的 k－核。具体见图 4－11。

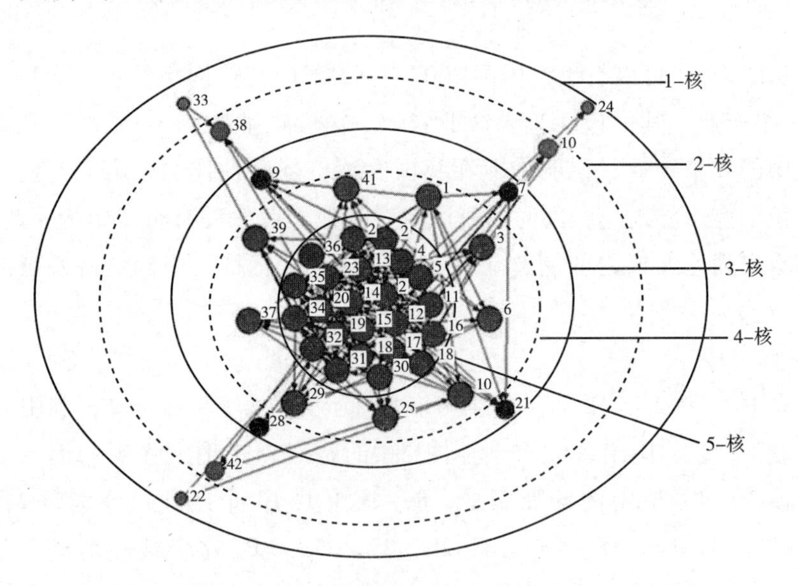

图 4－11　2007 年中国 42 部门产业网络的 *k*－核示意

核心：5－核中的产业组成，5－核中共 23 个产业，分别是 2，4，5，

11，12，13，14，15，16，17，18，19，20，23，26，27，28，30，31，32，34，35，36。这个核心是对产业网络有重要影响的产业群，在产业网络中处于中心地位。产业链路长分布。

在中国2002年42部门产业网络基础上，根据产业链路长分布的定义，求出中国2002年产业网络中产业链路分布，具体见表4－3。

表4－3　　2002年中国产业网络产业链路长分布

产业链长度	数量
1	244
2	462
3	270
4	107
5	44

由表4－3可以发现，中国2002年42部门产业网络中，产业链距离最长的是5，但数量较少，只有44条；产业链长度为2的数量最大，有462条。说明产业之间联系较为紧密，但产业链长度较短。

在中国2007年42部门产业网络基础上，根据产业链路长分布的定义，求出中国2007年产业网络中产业链路分布，具体见表4－4。

表4－4　　2007年中国产业网络产业链路长分布

产业链长度	数量
1	178
2	325
3	284
4	108
5	9

由表4－4可以发现，在中国2007年42部门产业网络中，产业链距离最长的是5，但数量最少，只有9条；产业链长度为2的数量最大，有325条。说明产业之间联系较为紧密，但产业链长度较短。

（2）中国2002年和2007年产业关联比较分析。

产业网络指标研究分析产业的二元关系和二元关系结构特征，从不同角度刻画出具体产业在产业系统中的地位和作用。因为 2002 年和 2007 年产业网络不完全相同，为便于比较，对 2002 年和 2007 年计算结果，分别选择各个指标前五位的产业进行分析，即分析产业不同指标下排名，结果见表 4－5 和表 4－6。

表 4－5　　2002 年中国产业关联指标排名前五位的产业

排序	产业关联度		产业网络波及系数		产业网络结构洞		产业介数
	产业关联出度	产业关联入度	产业网络影响力系数	产业网络感应度系数	产业限制度	产业有效度	
1	30（32）	26（13）	20（2.16）	12（7.09）	30（0.109）	30（26.88）	30（216.5）
2	27（30）	13（12）	26（2.05）	30（4.45）	27（0.110）	27（23.59）	32（170.5）
3	12（22）	20（9）	18（1.86）	27（4.23）	12（0.125）	12（19.76）	27（128.0）
4	16（19）	28（9）	8（1.86）	14（3.78）	26（0.129）	16（15.52）	26（98.2）
5	23（15）	34（9）	13（1.64）	1（2.77）	29（0.134）	23（14.20）	33（90.5）

注：表中产业代号后括号内的数为该项指标的计算数值。

表 4－6　　2007 年中国产业关联指标排名前五位的产业

排序	产业关联度		产业网络波及系数		产业网络结构洞		产业介数
	产业关联出度	产业关联入度	产业网络影响力系数	产业网络感应度系数	产业限制度	产业有效度	
1	12（25）	34（9）	15（3.21）	12（10.48）	27（0.10）	10（23.3）	32（177.7）
2	27（14）	13（8）	20（3.11）	14（8.33）	12（0.10）	39（15.1）	23（155.8）
3	16（12）	20（7）	8（3.02）	1（4.03）	23（0.15）	1（11.6）	12（137.1）
4	11（11）	26（7）	18（2.66）	3（2.99）	31（0.15）	30（10.9）	27（121.4）
5	23（11）	35（7）	11（2.58）	19（2.78）	14（0.16）	29（10.0）	14（88.5）

注：表中产业代号后括号内的数为该项指标的计算数值。

根据表 4－5 和表 4－6 产业邻域关联指标的计算结果，以及排名结果，可以得到如下结论：

从产业关联度方面来看，12 号（化学工业）、27 号（交通运输及仓储业）、16 号（通用、专用设备制造业）、23 号（电力、热力的生产和供应业）等产业的产业关联出度较大，一直处于前 5 名，这几个产业也是产业系统中的基础性产业，这几个产业对国民经济的推动作用较强。2002 年，

30号（批发和零售业）出度最大，2007年前有所减小，说明2002～2007年，我国批发和零售业的推动作用有所减弱。26号（建筑业）、34号（租赁和商务服务业）、13号（非金属矿物制品业）、20号（仪器仪表及文化办公用机械制造业）等产业的产业关联入度较大，一直处于前5名，说明这几个产业对国民经济的拉动作用较强。

从产业网络波及系数方面来看，对于产业网络影响力系数，对于前5名产业，2002～2007年，20号产业、18号产业和8号产业排序变化不大，其中18号产业（电气机械及器材制造业）和20号产业（仪器仪表及文化办公用机械制造业）是制造业，制造业对我国经济发展有重要作用，这与我国情况相符。对于产业感应度系数，1号产业、12号产业和14号产业，2002～2007年产业排序变化不大，当国民经济各产业每增加一个单位最终使用时，这几个产业受到的需求感应程度较大，系数大说明这几个产业对经济发展的需求感应程度强。值得一提的是，与投入产出分析中的影响力系数和感应度系数相比，产业网络影响力系数和产业网络感应度系数数值及产业排名有较大变化。

从产业网络结构洞方面来看，2002～2007年，27号（交通运输及仓储业）和12号（化学工业）都有较大的产业有效规模和较小的产业限制度。这些产业节点在产业网络中依赖其他产业较少，即结构约束性较少，占据了结构洞位置。这两个产业的发展可以促进其他产业发展，同时，这两个产业也容易成为经济发展的“瓶颈”产业。

从节点的产业介数来看，2002～2007年，27号（交通运输及仓储业）、32号（金融业）具有较高的产业介数值，介数值较高的产业对区域内其他产业间资源交换的控制能力较强。但产业介数变化较大，如30号（批发和零售业）和26号（建筑业）2002年介数值较大，但2007年产业介数值减小，说明对资源的控制能力减弱。

此外，根据产业基础关联树、强连通子图、k－核等计算结果，得到以下结论。

①产业基础关联树。

2002～2007年，基础关联树直接消耗系数占产业网络总直接消耗系数比例有所增大，从43.08%变为47.81%，说明基础关联树可以较为充分地反映产业网络结构。同时基础关联树的根产业没有变化，都是3号产业

（石油和天然气开采业），3 号产业是产业系统中对其他产业投入产业比重最大的产业，根产业与其平行的第一子产业 11 号产业（石油加工、炼焦及核燃料加工业）的关系是整个产业网络中最强的关联关系。

②强连通核。

2002～2007 年，强连通核中产业从 27 个减少到 21 个；其中一直包括第一产业农业。即 1 号产业，说明农业在产业系统中发挥着基础性作用；强连通核中的产业大部分属于第二产业，主要是第二产业中的制造业，说明制造业起主导作用；2002 年建筑业属于强连通核，但 2007 年强连通核中不包含建筑业，说明建筑业在产业系统中的作用有所减弱；第三产业的比重有所增加，说明第三产业在产业系统中发挥着越来越重要的作用。

③k－核。

通过给产业网络中的产业分层，可以直观清楚地看出不同产业在产业网络中的地位和作用。一般来说，2－核中的产业比 1－核中的产业在产业网络中的地位高，以此类推。因此，k_{max}核中的产业在产业网络有最大的影响作用。2002～2007 年，产业网络核的层数减少，但产业中核心层的产业数量增多。

④产业链路长分布。

2002～2007 年，在中国 42 部门产业网络中，产业链距离最长的是 5，但数量一直最少；产业链长度为 2 的数量最多。说明目前中国产业链长度较短，产业之间的关系主要是直接关联和距离较短的间接关联，而产业结构高级化的特征之一应该就是产业链具有较高的延伸度，这是我国产业结构升级需要解决的一项重要问题。

4.2 城市网络指标体系设计

4.2.1 指标设计原则

城市网络指标体系设计应遵循以下原则：

（1）系统性原则。城市网络指标体系应系统地描述城市网络中城市关联的结构特征，要能包括城市的关联度、关联度中心性、核结构等，确保城市关联关系及其特征描述的系统性和完整性。

（2）有效性原则。指标设计的基本要求是能客观地反映城市间关联及其结构，城市网络结构指标要基于城市网络实际，客观有效地描述和评价城市关联实际情况，有效反映出城市在网络中的地位和作用。

（3）可计算原则。指标的有效性是通过指标的可计算性实现的，在指标设计过程中，要考虑指标在算法实现上的要求及可能性，可计算可操作的指标体系才具有一定的理论和实际应用价值。

4.2.2　城市关联度

在城市网络中，定义城市关联度来描述与某城市直接相连的城市数目。城市关联度越大，与该城市直接相关的城市数量越多，该城市越重要。城市关联度分为城市关联入度和城市关联出度。其中，某城市的城市关联入度是指所有指向该城市的边的数目；某城市的城市关联出度是指所有从该城市出发的边的数目。城市关联出度可由城市群关联邻接矩阵的行计算，城市关联入度可由城市群关联邻接矩阵的列来计算。在城市群关联 0－1 矩阵 B 中，城市关联入度、城市关联出度和城市关联度分别记为 ICd、OCd 和 CD，则有：

$$ICd_i = \sum_{j=1}^{N} b_{ji} \tag{4-19}$$

$$OCd_i = \sum_{j=1}^{N} b_{ij} \tag{4-20}$$

$$CD_i = \sum_{j=1}^{N} b_{ij} + \sum_{j=1}^{N} b_{ji} \tag{4-21}$$

4.2.3　城市关联度中心性

城市关联度中心性在城市网络上的意义即“位置”，城市网络中一个城市 的关联度中心性越大意味着该节点地位置越显要，该节点越重要。

城市关联度中心性分为绝对中心性与相对中心性。在城市网络中，考虑某城市的出度和入度。由于绝对中心性仅考虑与其直接相连的节点，而不考虑间接相连的点，因此绝对中心性一般也被称为“局部中心性”。在实际应用中，由于城市网络的规模的不同，导致不同城市网络的绝对中心性不具有可比性，一般使用相对中心性概念。在一个具有 N_R 个节点的网络中，城市关联度值最大可能为 N_R-1，因此将度中心性指标作归一化处理后，城市关联度为 r_i 的节点的度中心性值为：

$$DC_i=\frac{r_i}{N_R-1} \tag{4-22}$$

4.2.4 城市空间距离

城市网络中两个城市之间的最短路径，是指连接这两个城市的边数最少的路径。两个城市之间的距离定义为连接这两个城市 i 与城市 j 的最短路径上的边的数目，记为 d_{ij}。网络的平均距离 AGD 定义为任意两个城市之间的距离 d_{ij}的平均值，即：

$$AGD=\frac{1}{\frac{1}{2}N(N-1)}\sum_{i\geqslant j}d_{ij} \tag{4-23}$$

当两个城市之间不存在直接关联关系时，城市之间距离为无穷大，因此计算式（4-23）的倒数，将城市之间距离的无穷大转为城市距离为 0，即城市简谐平均距离：

$$HM=\frac{1}{AGD}=\frac{\frac{1}{2}N(N-1)}{\sum_{i\geqslant j}\frac{1}{d_{ij}}} \tag{4-24}$$

4.2.5 城市网络核结构

城市网络核结构是指网络中核度最大的城市群形成的密集结构，这些城市是网络中辐射范围最广、关联层级最高的城市群，对塑造网络结构具有重要影响。

本书基于以下步骤确定城市空间网络核结构。首先，建立城市网络模

型 N。在此基础上，计算建立城市空间网络的 k-$cores$。设建立城市群空间网络 $N=(V, E)$，V 为网络 N 的点集，E 为网络 N 的边集，k 为自然数，对于任给定 $W \subseteq V$，N 的网络子图 $H_k=(W, E \mid W)$ 称网络 N 的 k-$cores$，当且仅当对 $\forall v \in W$ 时，满足 $d_{H_k}(v) \geqslant k$，且 H_k 为具有这一特点的点极大子图。定义具有最大核值的子网络为城市强关联子网络。

4.2.6 城市介数中心性

城市介数中心性一般以经过某个城市的最短路径的数目来刻画地区重要性的指标。城市 r 的介数定义为：

$$BC_r = \sum_{s \neq i \neq t} \frac{GN_{st}^{r}}{GN_{st}} \tag{4-25}$$

其中，GN_{st} 为从节点 s 到节点 t 的最短路径的数目，GN_{st}^{r} 为 GN_{st} 中经过节点 i 的最短路径的数目。

城市介数中心性测量的是地区 r 对于城市网络中城市对之间沿着最短路径传输信息的控制能力，其刻画的是城市网络中地区在多大程度上位于城市网络中其他城市的“中间位置”，也是关键节点城市在城市网络中所处的位置“中心性”的一种指标表示。

4.2.7 城市接近中心性

借鉴弗里曼（Freeman）对网络中节点接近中心性的思想，定义城市接近中心性。城市接近中心性根据城市网络中城市之间的距离来测量城市网络的中心性，如果某城市同网络中的许多其他城市都很“接近”——即距离很短，则称该城市在网络中具有较高的地区接近中心性。

对于城市网络中的每一个城市 r，则该城市到网络中所有城市的距离的平均值，记为 d_r，平均值 d_r 值的相对大小也在某种程度上反映了城市 r 在网络中的相对重要性：d_r 值越小意味着城市 r 更接近其他城市。设 d_{rs} 是城市 r 到城市 s 的距离，则把 d_r 的倒数定义为城市 r 的城市接近中心性，用计算公式表示为：

$$CC_r = \frac{1}{d_r} = \frac{N}{\sum_{s=1}^{n} d_{rs}} \quad (4-26)$$

4.2.8 计算实例

本书以中国西北五省城市网络为例，计算城市网络指标。

根据城市网络指标计算西北五省城市的网络指标，见表4-7。

表4-7 西北城市网络结构指标计算结果

地　区	城市关联出度	城市关联入度	城市关联度	城市介数中心性	城市接近中心性
西安	23	23	46	30.28	15.28
咸阳	4	4	8	24.09	0.35
榆林	5	5	10	26.19	0.59
宝鸡	11	11	22	27.05	0.26
铜城	2	2	4	24.09	0.10
渭南	5	5	10	24.26	0.10
商洛	1	1	2	11.37	0.00
安康	2	2	4	24.09	0.00
汉中	11	11	22	27.73	0.15
延安	21	21	42	29.73	10.60
兰州	7	7	14	25.98	0.05
嘉峪关	3	3	6	25.00	0.00
白银	6	6	12	25.78	0.01
金昌	6	6	12	25.78	0.01
陇南	22	22	44	30.00	6.08
临夏	2	2	4	24.81	0.00
西宁	6	6	12	25.58	0.01
海北藏族自治州	5	5	10	25.38	0.00
海东地区	17	17	34	28.70	1.50
黄南蒙古族自治州	19	19	38	29.20	2.35
银川	27	27	54	31.43	14.55

续表

地　区	城市关联出度	城市关联入度	城市关联度	城市介数中心性	城市接近中心性
固原	6	6	12	26.40	0.00
石嘴山	13	13	26	27.73	0.31
中卫	13	13	26	27.73	0.26
吴忠	13	13	26	27.73	0.23
巴州	2	2	4	24.63	0.00
乌鲁木齐	21	21	42	29.73	4.94
吐鲁番地区	2	2	4	24.26	0.01
哈密	16	16	32	28.45	1.47
克拉玛依	22	22	44	30.00	9.65
阿克苏	9	9	18	26.61	0.08
阿勒泰	6	6	12	25.78	0.00
伊犁州	17	17	34	28.70	4.14
喀什	1	1	2	11.37	0.00

西北城市网络空间距离计算见图4－12。

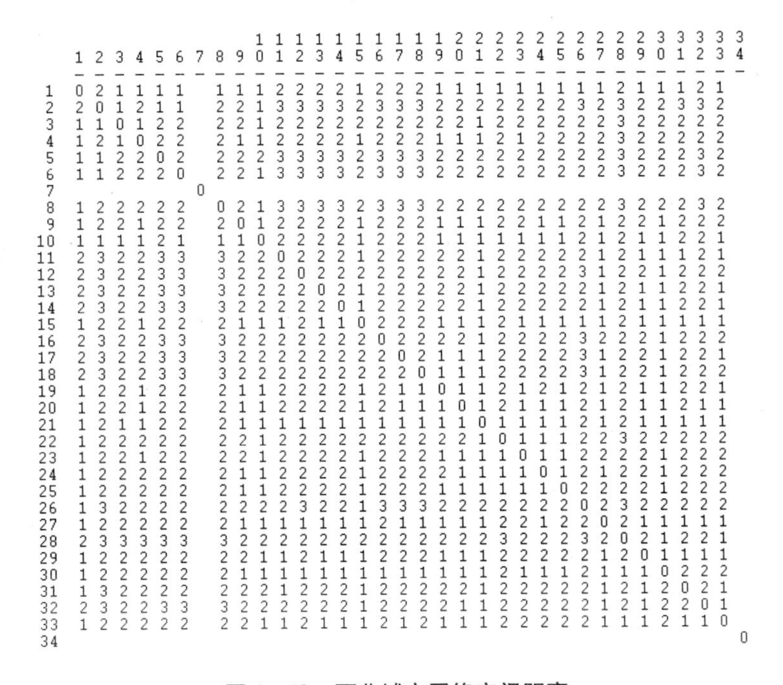

	1	2	3	4	5	6	7	8	9	10	11	12	13	14	15	16	17	18	19	20	21	22	23	24	25	26	27	28	29	30	31	32	33	34
1	0	2	1	1	1	1		1	1	1	2	2	2	2	1	2	2	2	1	1	1	1	1	1	1	1	1	2	1	1	1	2	1	
2	2	0	1	2	1	1		2	2	1	3	3	3	3	2	3	3	3	2	2	2	2	2	2	2	3	2	3	2	2	3	3	2	
3	1	1	0	1	2	2		2	2	1	2	2	2	2	2	2	2	2	2	2	1	2	2	2	2	2	2	3	2	2	2	2	2	
4	1	2	1	0	2	2		2	1	1	2	2	2	2	1	2	2	2	1	1	1	2	1	2	2	2	2	3	2	2	2	2	2	
5	1	1	2	2	0	2		2	2	2	3	3	3	3	2	3	3	3	2	2	2	2	2	2	2	2	2	3	2	2	2	3	2	
6	1	1	2	2	2	0		2	2	1	3	3	3	3	2	3	3	3	2	2	2	2	2	2	2	2	2	3	2	2	2	3	2	
7							0																											
8	1	2	2	2	2	2		0	2	1	3	3	3	3	2	3	3	3	2	2	2	2	2	2	2	2	2	3	2	2	2	3	2	
9	1	2	2	1	2	2		2	0	1	2	2	2	2	1	2	2	2	1	1	1	2	2	1	1	2	1	2	2	1	2	2	2	
10	1	1	1	1	2	1		1	1	0	2	2	2	2	1	2	2	2	1	1	1	1	1	1	1	2	1	2	1	1	2	2	1	
11	2	3	2	2	3	3		3	2	2	0	2	2	2	1	2	2	2	2	2	1	2	2	2	2	2	1	2	1	1	1	2	1	
12	2	3	2	2	3	3		3	2	2	2	0	2	2	2	2	2	2	2	2	1	2	2	2	2	3	1	2	2	1	2	2	2	
13	2	3	2	2	3	3		3	2	2	2	2	0	2	1	2	2	2	2	2	1	2	2	2	2	2	1	2	1	1	2	2	1	
14	2	3	2	2	3	3		3	2	2	2	2	2	0	1	2	2	2	2	2	1	2	2	2	2	2	1	2	1	1	2	2	1	
15	1	2	2	1	2	2		2	1	1	1	2	1	1	0	2	2	2	1	1	1	2	1	1	1	1	1	2	1	1	1	1	1	
16	2	3	2	2	3	3		3	2	2	2	2	2	2	2	0	2	2	2	2	1	2	2	2	2	3	2	2	2	1	2	2	2	
17	2	3	2	2	3	3		3	2	2	2	2	2	2	2	2	0	2	1	1	1	2	2	2	2	3	1	2	2	1	2	2	1	
18	2	3	2	2	3	3		3	2	2	2	2	2	2	2	2	2	0	1	1	1	2	2	2	2	3	1	2	2	1	2	2	2	
19	1	2	2	1	2	2		2	1	1	2	2	2	2	1	2	1	1	0	1	1	2	1	2	1	2	1	2	1	1	2	2	1	
20	1	2	2	1	2	2		2	1	1	2	2	2	2	1	2	1	1	1	0	1	2	1	1	1	2	1	2	1	1	2	1	1	
21	1	2	1	1	2	2		2	1	1	1	1	1	1	1	1	1	1	1	1	0	1	1	1	1	2	1	2	1	1	1	1	1	
22	1	2	2	2	2	2		2	2	1	2	2	2	2	2	2	2	2	2	2	1	0	1	1	1	2	2	3	2	2	2	2	2	
23	1	2	2	1	2	2		2	2	1	2	2	2	2	1	2	2	2	1	1	1	1	0	1	1	2	2	2	2	1	2	2	2	
24	1	2	2	2	2	2		2	1	1	2	2	2	2	1	2	2	2	2	1	1	1	1	0	1	2	1	2	2	1	2	2	2	
25	1	2	2	2	2	2		2	1	1	2	2	2	2	1	2	2	2	1	1	1	1	1	1	0	2	2	2	2	1	2	2	2	
26	1	3	2	2	2	2		2	2	2	2	3	2	2	1	3	3	3	2	2	2	2	2	2	2	0	2	3	2	2	2	2	2	
27	1	2	2	2	2	2		2	1	1	1	1	1	1	1	2	1	1	1	1	1	2	2	1	2	2	0	2	1	1	1	1	1	
28	2	3	3	3	3	3		3	2	2	2	2	2	2	2	2	2	2	2	2	2	3	2	2	2	3	2	0	2	1	2	2	1	
29	1	2	2	2	2	2		2	2	1	1	2	1	1	1	2	2	2	1	1	1	2	2	2	2	2	1	2	0	1	1	1	1	
30	1	2	2	2	2	2		2	1	1	1	1	1	1	1	1	1	1	1	1	1	2	1	1	1	2	1	1	1	0	2	2	2	
31	1	3	2	2	2	2		2	2	2	1	2	2	2	1	2	2	2	2	2	1	2	2	2	2	2	1	2	1	2	0	2	1	
32	2	3	2	2	3	3		3	2	2	2	2	2	2	1	2	2	2	2	1	1	2	2	2	2	2	1	2	1	2	2	0	1	
33	1	2	2	2	2	2		2	2	1	1	2	1	1	1	2	1	2	1	1	1	2	2	2	2	2	1	1	1	2	1	1	0	
34																																		0

图4－12　西北城市网络空间距离

从西北城市网络结构指标看（见图4－13），城市群旅游空间网络结构不均衡，较多的城市节点关联度低，少部分城市关联度高。在制订区域发展战略时，应充分发挥关联层级高的城市的辐射带动作用，以形成多点支撑、多元带动的城市群，带动周边城市协同发展。

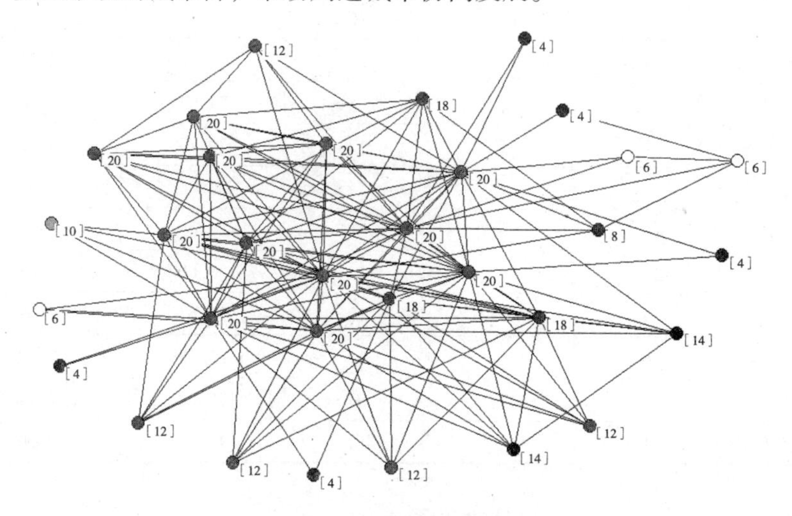

图4－13　西北城市网络核结构

4.3　本章小节

本章从产业网络和城市网络两个方面构建了产业关联及城市关联指标体系。

海洋产业网络指标设计以反映海洋产业关联结构为基础，设计相应指标。基于此，描述海洋产业关联结构的指标包括投入产出系数、基础关联指标、核关联结构指标、产业介数等指标。用以描述和刻画海洋产业关联结构，形成海洋产业关联结构效应指标体系。

城市网络指标设计以反映城市间关联关系为基础，主要是研究城市间互相影响，明确城市在城市网络中的地位和作用。本书在城市网络中主要采用城市关联度、城市关联度中心性、城市介数中心性、城市接近中心性等指标描述城市网络中城市间关联关系。

通过建立的海洋产业网络指标体系和区域网络指标体系可以有效研究产业和城市间的关联关系和相互影响，为研究海洋经济提供了科学依据。

第5章　海洋产业网络研究

5.1　海洋产业网络模型构建

5.1.1　数据来源

投入产出表是构建产业网络模型的基础。国家统计局逢2、逢7年份编制投入产出表的基础表，逢0、逢5年份编制投入产出表的延长表，投入产出表的基础表有多部门多版本数据，如2010年中国65部门投入产出表和2010年中国144部门投入产出表。目前，2012年中国投入产出表尚未发布。因此2010年65部门投入产出表是目前官方公布的最新的投入产出表。基于此，本章以2000年和2010年发布的“中国2000年48部门投入产出表”和“中国2010年65部门投入产出表”作为基础数据来源，构建海洋产业网络模型，根据海洋产业网络指标实证研究海洋产业关联结构。

5.1.2　投入产出表部门调整

因“中国2000年48部门投入产出表”和“中国2010年65部门投入产出表”中部门数不同，无法直接进行比较计算，所以首先应对两张投入产出表进行预处理，把产业部门进行合并或拆分，使两张投入产出表部门相同。投入产出表部门调整规则如下：

（1）若部门 i 在“中国2000年48部门投入产出表”和“中国2010年65部门投入产出表”中名称相同，则不需处理。

（2）若部门 i 在“中国2000年48部门投入产出表”存在，但在“中国2010年65部门投入产出表”中不存在，则根据《国民经济行业分类》，进行部门合并或拆分处理，反之亦然。

如对于食品制造及烟草加工业，在“中国2000年48部门投入产出表”中只有一个部门，而在“中国2010年65部门投入产出表”中有两个部门，分别是食品及酒精饮料和烟草制品业，为便于分析，将“中国2000年48部门投入产出表”中的食品制造及烟草加工业拆分成两个部门食品及酒精饮料和烟草制品业。

（3）若在“中国2000年48部门投入产出表”中，对于产业 A，有 n 个子产业，但在“中国2010年65部门投入产出表”中有 m 个子产业（$m \neq n$），为了比较分析将子产业合并，即在“中国2000年48部门投入产出表”“中国2010年65部门投入产出表”中将这 n、m 个子产业合并，合并后的产业为“产业 A”。

按投入产出表部门调整规则调整的部门有8项，见表5－1～表5－8。

表5－1　食品制造及烟草加工业调整结果

2000年投入产出表中的部门	2010年投入产出表中的部门	调整后部门
食品制造及烟草加工业	食品及酒精饮料	食品及酒精饮料
	烟草制品业	烟草制品业

表5－2　纺织业调整结果

2000年投入产出表中的部门	2010年投入产出表中的部门	调整后部门
纺织业	纺织材料加工业	纺织材料加工业
	纺织、针织制成品制造业	纺织、针织制成品制造业
	纺织服装、鞋、帽制造业	纺织服装、鞋、帽制造业
	皮革、毛皮、羽毛（绒）及其制品业	皮革、毛皮、羽毛（绒）及其制品业

表5－3　　造纸印刷及文教用品制造业调整结果

2000年投入产出表中的部门	2010年投入产出表中的部门	调整后部门
造纸印刷及文教用品制造业	造纸，印刷	造纸，印刷
	文教体育用品制造业	文教体育用品制造业

表5－4　　其他通用设备制造业调整结果

2000年投入产出表中部门	2010年投入产出表中部门	合并后部门
其他通用设备制造业	起重运输设备制造业	其他通用设备制造业
	泵、阀门、压缩机及类似机械的制造业	
	其他通用设备制造业	
	矿山、冶金、建筑专用设备制造业	
	化工、木材、非金属加工专用设备制造业	

表5－5　　化学工业调整结果

2000年投入产出表中的部门	2010年投入产出表中的部门	调整后部门
化学工业（不含医药用品）	基础化学原料	基础化学原料
医药用品	肥料、农药	肥料、农药
	合成材料制造业	合成材料制造业
	专用化学产品制造业	专用化学产品制造业
	其他化学制品	其他化学制品

表5－6　　家用器具制造业调整结果

2000年投入产出表中部门	2010年投入产出表中部门	合并后部门
家用器具制造业	输配电及控制设备制造业	输配电及控制设备制造业
	电线、电缆、光缆及电工器材制造业	电线、电缆、光缆及电工器材制造业
	家用电力和非电力器具制造业	家用电力和非电力器具制造业

表 5－7　　工艺品及其他制造业调整结果

2000 年投入产出表中部门	2010 年投入产出表中部门	合并后部门
工艺美术品制造业	工艺品及其他制造业	工艺品及其他制造业
其他工业		
航空货运业		

表 5－8　　管道运输业调整结果

2000 年投入产出表中部门	2010 年投入产出表中部门	合并后部门
管道运输业	管道运输业	管道运输业
	装卸搬运和其他运输服务业	

对“中国2000年48部门投入产出表”和“中国2010年65部门投入产出表”预调整后得到中国2000年和2010年65部门投入产出表，使部门相同具有可比性。65个部门代号及名称对应表见表5－9。

表 5－9　　投入产出表预调整后 65 部门代号及名称对应表

部门代号	部门名称	部门代号	部门名称
1	农林牧渔业	16	石油加工、炼焦及核燃料加工业
2	煤炭开采和洗选业	17	基础化学原料
3	石油和天然气开采业	18	肥料、农药
4	黑色金属矿采选业	19	合成材料制造业
5	有色金属矿采选业	20	专用化学产品制造业
6	非金属矿及其他矿采选业	21	其他化学制品
7	食品及酒精饮料	22	塑料、橡胶制品
8	烟草制品业	23	非金属矿物制品业
9	纺织材料加工业	24	黑色金属冶炼
10	纺织、针织制成品制造业	25	钢压延加工业
11	纺织服装、鞋、帽制造业	26	有色金属冶炼及压延业
12	皮革、毛皮、羽毛（绒）及其制品业	27	金属制品业
13	木材加工及家具制造业	28	通用设备制造业
14	造纸，印刷	29	专用设备制造业
15	文教体育用品制造业	30	铁路运输设备制造业

续表

部门代号	部门名称	部门代号	部门名称
31	汽车制造业	49	建筑业
32	船舶及浮动装置制造业	50	交通运输及仓储业
33	其他交通运输设备制造业	51	邮政业
34	电气设备	52	信息传输、计算机服务和软件业
35	输配电及控制设备制造业	53	批发和零售业
36	家用电力和非电力器具制造业	54	住宿和餐饮业
37	其他电气机械及器材制造业	55	金融业
38	通信设备及雷达制造业	56	房地产业
39	电子计算机制造业	57	租赁和商务服务业
40	电子元器件制造业	58	研究与试验发展业
41	家用视听设备制造业	59	综合技术服务业
42	其他电子设备制造业	60	水利、环境和公共设施管理业
43	仪器仪表制造业	61	居民服务和其他服务业
44	文化、办公用机械制造业	62	教育
45	工艺品及其他制造业（含废品废料）	63	卫生、社会保障和社会福利业
46	电力、热力的生产和供应业	64	文化、体育和娱乐业
47	燃气生产和供应业	65	公共管理和社会组织
48	水的生产和供应业		

5.1.3 投入产出表数据调整

经过投入产出表预处理，中国2000年和2010年投入产出表包含65个相同部门。根据国标（GB/T 20794－2006），海洋产业主要包括12个产业，分别是海洋渔业、海洋油气业、海洋矿业、海洋盐业、海洋船舶工业、海洋化工业、海洋生物医药业、海洋工程建筑业、海洋电力业、海水利用业、海洋交通运输业和滨海旅游业。在中国海洋产业投入产出表部门分类的基础上，对中国2000年和2010年投入产出表中的65部门进行拆分，分离出12个海洋产业数据，形成77部门投入产出表（77部门名称见附表1）。

在此基础上，参照有关学者调整投入产出数据的方法，对中国投入产出表数据进行调整，调整步骤为：

第一步：得出12个海洋产业增加值。从海洋统计年鉴中得到12个海洋产业2000年和2010年增加值数据[①]，并计算与海洋产业对应的投入产出表中相应产业的增加值。

第二步：计算拆分权重。把某个海洋产业增加值占需要分解部门增加值的比例作为拆分权重。本书以2010年为例，列出海洋产业与需要分解产业的增加值及拆分权重，见表5－10。

表5－10　　海洋产业与需要分解产业的增加值及拆分权重

<table>
<tr><th>海洋产业</th><th>海洋产业增加值（亿元）</th><th>投入产出表中产业</th><th>需要拆分产业的增加值（亿元）</th><th>拆分权重</th></tr>
<tr><td>海洋渔业</td><td>2813</td><td>农林牧渔业</td><td>40534</td><td>0.069</td></tr>
<tr><td>海洋油气业</td><td>1302</td><td>石油和天然气开采业</td><td>6953</td><td>0.187</td></tr>
<tr><td rowspan="3">海洋矿业</td><td rowspan="3">49</td><td>黑色金属矿采选业</td><td>2505</td><td rowspan="3">0.012</td></tr>
<tr><td>有色金属矿采选业</td><td>1449</td></tr>
<tr><td>非金属矿及其他矿采选业</td><td>1821</td></tr>
<tr><td>海洋盐业</td><td>65</td><td>食品及酒精饮料</td><td>10858</td><td>0.006</td></tr>
<tr><td>海洋化工业</td><td>613</td><td>基础化学原料</td><td>2894</td><td>0.211</td></tr>
<tr><td>海洋生物医药业</td><td>83</td><td>基础化学原料</td><td>2894</td><td>0.028</td></tr>
<tr><td>海洋电力业</td><td>28</td><td>电力、热力的生产和供应业</td><td>10962</td><td>0.003</td></tr>
<tr><td>海水利用业</td><td>9</td><td>水的生产和供应业</td><td>769</td><td>0.012</td></tr>
<tr><td>海洋船舶工业</td><td>1182</td><td>船舶及浮动装置制造业</td><td>2010</td><td>0.589</td></tr>
<tr><td>海洋工程建筑业</td><td>874</td><td>建筑业</td><td>26661</td><td>0.032</td></tr>
<tr><td>海洋交通运输业</td><td>3816</td><td>交通运输及仓储业</td><td>18948</td><td>0.201</td></tr>
<tr><td rowspan="2">滨海旅游业</td><td rowspan="2">5303</td><td>住宿和餐饮业</td><td>8068</td><td rowspan="2">0.502</td></tr>
<tr><td>文化、体育和娱乐业</td><td>2496</td></tr>
</table>

第三步：数据拆分。利用计算出的权重对相应部门进行拆分，拆分出海洋产业后，被拆分产业的数据要相应减少，以保证投入产出表平衡。中间投入需要横向和纵向拆分，增加值部分只需要横向拆分，最终使用部分

① 2000年和2010年海洋产业增加值数据分别来自《中国海洋统计年鉴2001》和《中国海洋统计年鉴2011》。

只需要纵向拆分。

根据本书对海洋产业的定义，确定 15 个海洋产业，其中海洋产业 12 个，在中国海洋产业投入产出表中为 01 ~ 12 号产业：01 海洋渔业、02 海洋油气业、03 海洋矿业、04 海洋盐业、05 海洋船舶工业、06 海洋化工业、07 海洋生物医药业、08 海洋工程建筑业、09 海洋电力业、10 海水利用业、11 海洋交通运输业、12 滨海旅游业；海洋产业中的高新技术产业 3 个，在中国海洋产业投入产出表中为以下产业：32 生物与医药制造业、64 信息传输、计算机服务和软件业、70 研究与试验发展业。

公共服务业在中国海洋产业投入产出表中为以下产业：58 电力、热力的生产和供应业，59 燃气生产和供应业，60 水的生产和供应业，62 交通运输及仓储业，67 金融业。

利用产业网络理论，构建中国 77 部门产业网络模型，根据技术相关型海洋产业的定义，确定农林牧渔业、纺织业、石油开采业等技术相关型海洋产业。

5.1.4　海洋产业网络模型构建

本书以处理后的中国 2000 年和 2010 年投入产出表为基础，利用赵炳新（1996，2011）的建模方法，建立 2000 年和 2010 年中国产业网络模型。以 2010 年中国 77 部门产业网络模型为例，用 pajek 软件进行可视化，得到图 5 - 1。

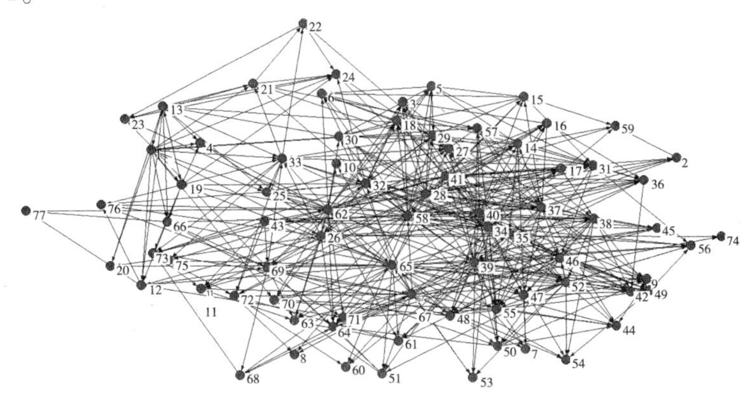

图 5 - 1　2010 年中国产业网络拓扑图

从图 5 - 1 可以看出，77 个产业对应图中 77 个点，点之间的边代表产业间的关系。图 5 - 1 中有的点处于网络的核心位置，与相对较多的点相连，有的点处于网络边缘位置，与相对较少的点相连。本书将从基础关联结构效应、循环关联结构效应、核关联结构效应和产业波及结构效应等方面对这些点的网络特征进行研究和描述，找出中国海洋产业在产业网络中的地位和影响。

5.2 海洋产业关联结构实例分析

5.2.1 投入结构实例分析

（1）消耗结构分析。

发展海洋产业需要消耗海洋产业自身及其他产业提供的产品（或服务），这就形成了海洋产业与其他各个产业之间的消耗关系。因海洋产业是海洋产业的主体，本书主要分析海洋产业中 12 个海洋产业的消耗结构。根据直接消耗系数计算公式，得到 2000 年和 2010 年 12 海洋产业与其他产业的直接消耗系数，因数据较多，为便于分析，本书主要研究直接消耗系数大于平均值的产业。列出 2000 年和 2010 年 12 个海洋产业主要的直接消耗产业[①]，见表 5 - 11。

表 5 - 11　　2000 年和 2010 年海洋产业主要直接消耗产业

海洋产业	年份	主要直接消耗产业（代号）								
海洋渔业	2000	19	30	13	62	41	65	58		
	2010	19	30	13	62	41	65	58	67	71
海洋油气业	2000	58	41	28	40	32	62			
	2010	58	41	28	40	32	62	15	41	67
海洋矿业	2000	58	28	28	16	29	17			
	2010	58	28	28	16	29	17	62	67	40

① 因产业名称较长，只列出产业代号。

续表

海洋产业	年份	主要直接消耗产业（代号）								
海洋盐业	2000	1	19	62	58	34				
	2010	1	19	62	65	34	13	69	58	67
海洋化工业	2000	29	28	14	32	33	17			
	2010	29	28	14	32	33	17	62	67	40
海洋生物医药业	2000	29	28	32	70	5				
	2010	29	28	32	70	5	62	67	40	65
海洋电力业	2000	58	14	28	47	28				
	2010	58	14	67	47	28	41	67		
海水利用业	2000	58	72	60	5	62	67			
	2010	58	72	60	5	62	67	32	40	71
海洋船舶工业	2000	37	44	40	46	41				
	2010	37	44	40	46	41	45	50	67	58
海洋工程建筑业	2000	25	37	62	39	41				
	2010	25	37	62	39	41	40	11	25	
海洋交通运输业	2000	41	62	67	43	40				
	2010	41	62	67	43	40	71	11	45	58
滨海旅游业	2000	69	62	65	58	68				
	2010	69	62	65	58	68	19	76	67	73

从表5-11可以看出，海洋油气业、海洋矿业、海洋化工业、海洋生物医药业、海洋电力业和海水利用业直接消耗最多的是电力、热力的生产和供应业（58号），即这些海洋产业对电力和热力依赖性最强，电力和热力的发展为这些海洋产业提供基础服务和支撑，若电力和热力发展受限会直接影响到这些海洋产业发展。海洋渔业和滨海旅游业对食品及酒精饮料（19号）直接消耗最多、依赖最强。海洋交通运输业对专用设备制造业（41号）直接消耗最多。此外，从2000年与2010年对比来看，海洋产业的产业链有所延长，同时海洋产业与第三产业（如金融业、综合技术服务业等）关联关系加强。

（2）分配结构分析。

根据完全分配系数计算公式，可以得到2000年和2010年12个主要海洋产业的完全分配产业。同样，根据2000年和2010年12个海洋产业完全分配均列前 5 位的产业制作图 5 - 2。图 5 - 2 圆圈的大小表示完全分配系数值大小，系数值越大其对应的圆圈越大，反之越小。

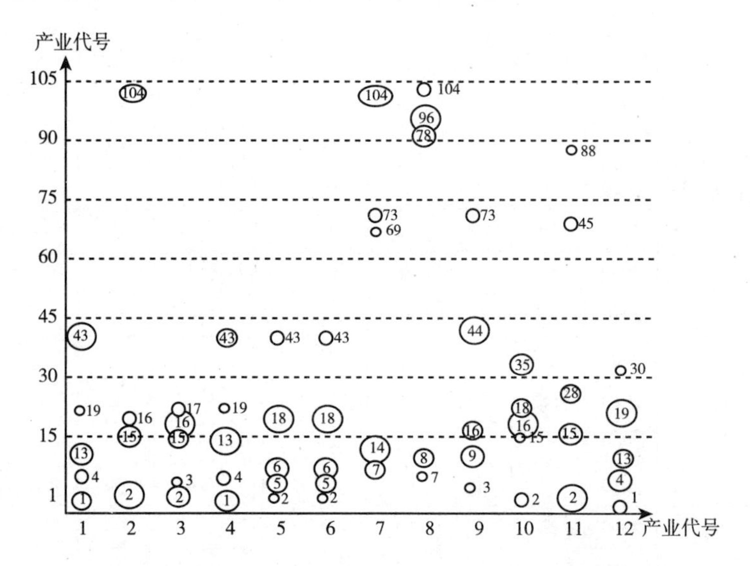

图 5 - 2　海洋产业的完全分配系数排名前五位的产业

从图 5 - 2 可以看出，12 个海洋产业的产品或服务大部分通过直接或间接方式提供给了自身或第二产业，如海洋化工业为基础化学原料提供投入，说明发展海洋产业可以在一定程度上推动第二产业的发展，同时进一步带动海洋产业自身继续发展，形成良性循环。

从投入结构来看，对海洋产业投入较多的产业是电力、热力的生产和供应业，钢压延加工业，金属制品业，通用设备制造业和食品及酒精饮料。这些产业都属于第二产业，说明海洋产业的发展目前主要依赖第二产业，尤其是第二产业中的能源产业和制造业。这些产业为海洋产业的发展提供了必需的能量和原料，是海洋产业直接和间接依赖性最强的产业。与中国海洋产业前向关联最紧密的产业主要是水利、环境和公共设施管理业，非金属矿及其他矿采选业和基础化学原料三个产业，说明海洋产业的发展对这些前向关联紧密的产业有较强的促进作用。

同时，中国海洋产业的产业链有所延长，与陆地产业关联密切，尤其是与越来越多的第三产业（如金融业、综合技术服务业等）关联紧密。在海陆一体化思想指导下，海洋经济发展过程中会出现明显的海洋产业与陆地产业联动发展。这一趋势或许可以解决目前海洋经济发展和陆地经济发展中出现的资源、环境问题等。

5.2.2 基础关联实例分析

（1）产业关联度分析。

根据2000年和2010年中国海洋产业投入产出表建立产业网络模型，可分别得到中国2000年和2010年海洋产业各个部门的产业关联出度和产业关联入度、产业度中心性，产业介数等，以2010年为例，计算结果见表5-12。

表5-12 2010年中国各部门网络结构计算结果

序号	产业度中心性	产业介数	产业中间中心性
1	18.42	46.34	1.11
2	7.89	45.78	0.12
3	10.53	49.03	0.05
4	6.58	46.91	0.13
5	14.47	49.03	0.12
6	11.84	46.63	0.06
7	6.58	44.71	0.05
8	5.26	47.20	0.03
9	10.53	48.72	0.10
10	7.89	49.03	0.05
11	9.21	48.10	0.13
12	11.84	46.63	0.64
13	15.79	43.93	0.74
14	18.42	51.70	0.71
15	14.47	48.10	0.40
16	11.84	49.67	0.08
17	10.53	49.67	0.12
18	15.79	52.41	0.21
19	15.79	51.35	0.87

续表

序号	产业度中心性	产业介数	产业中间中心性
20	5.26	43.68	0.09
21	11.84	46.06	0.69
22	6.58	38.58	0.05
23	6.58	44.19	0.41
24	11.84	44.71	0.58
25	13.16	53.15	0.56
26	23.68	56.72	3.50
27	17.11	52.78	1.72
28	31.58	57.14	2.95
29	19.74	54.29	0.52
30	17.11	53.90	1.24
31	15.79	51.70	0.75
32	31.58	59.38	3.86
33	23.68	55.88	3.08
34	31.58	56.72	4.23
35	25.00	55.88	1.59
36	14.47	49.03	0.16
37	34.21	55.88	3.43
38	26.32	54.29	1.41
39	38.16	58.91	4.62
40	38.16	60.32	4.20
41	23.68	55.07	1.65
42	13.16	50.00	0.12
43	13.16	51.35	0.56
44	10.53	48.72	0.10
45	9.21	47.80	0.12
46	26.32	53.90	1.45
47	17.11	53.15	0.68
48	15.79	52.05	0.39
49	15.79	48.10	0.31
50	13.16	49.35	0.25

续表

序号	产业度中心性	产业介数	产业中间中心性
51	9. 21	47. 80	0. 12
52	23. 68	53. 90	0. 98
53	6. 58	46. 91	0. 04
54	7. 89	47. 20	0. 11
55	17. 11	50. 33	0. 57
56	10. 53	47. 50	0. 10
57	14. 47	50. 33	1. 12
58	47. 37	64. 96	9. 88
59	6. 58	44. 97	0. 18
60	5. 26	47. 20	0. 03
61	10. 53	50. 00	0. 29
62	48. 68	66. 09	12. 98
63	10. 53	50. 33	0. 28
64	13. 16	52. 41	0. 41
65	50. 00	66. 67	13. 31
66	10. 53	51. 01	0. 70
67	28. 95	57. 14	5. 95
68	6. 58	44. 71	0. 04
69	23. 68	56. 72	2. 56
70	10. 53	50. 67	0. 35
71	10. 53	50. 33	0. 46
72	11. 84	47. 80	0. 49
73	11. 84	49. 03	0. 47
74	2. 63	39. 58	0. 01
75	3. 95	45. 78	0. 02
76	7. 89	45. 51	0. 06
77	3. 95	41. 53	0. 04

为具体分析海洋产业关联结构变化，取前12个产业部门，将2000年数据结果和2010年数据结果进行对比分析，见表5－13。

表 5 - 13　　2000 年与 2010 年中国海洋产业关联度及排名

海洋产业	2000 年产业关联出度	2000 年产业关联入度	2010 年产业关联出度	2010 年产业关联入度
01 海洋渔业	0	4	5	3
02 海洋油气业	2	2	2	8
03 海洋矿业	2	4	0	7
04 海洋盐业	1	7	0	4
05 海洋船舶工业	1	10	2	3
06 海洋化工业	0	10	5	5
07 海洋生物医药业	0	3	1	7
08 海洋工程建筑业	0	3	0	6
09 海洋电力	0	3	0	8
10 海水利用业	0	5	1	8
11 海洋交通运输业	1	2	6	7
12 滨海旅游业	0	3	3	4

从表 5 - 13 可以看出，海洋产业的产业关联度较小，且入度大于出度。对于产业关联出度，多数海洋产业经过几年发展都有所提升，如海洋渔业（1 号）、海洋油气业（2 号）、海洋船舶工业（5 号）、海洋化工业（6 号）、海洋生物医药业（7 号）、海水利用业（10 号）海洋交通运输业（11 号）、滨海旅游业（12 号）2000 ~ 2010 年产业关联出度变化较大，排序提升较快，说明这些产业对经济的推动作用有所增强；海洋矿业（3 号）和海洋盐业（4 号）2000 ~ 2010 年相对来说发展较慢，因产业网络建模时会忽略关联很小的产业关联，因此这两个产业在产业网络中产业关联出度为 0。对于产业关联入度，多数海洋产业经过几年发展也都有所提升，如海洋油气业（2 号）、海洋矿业（3 号）、海洋生物医药业（7 号）、海洋工程建筑业（08）、海洋电力（09）、海水利用业（10 号）海洋交通运输业（11 号）、滨海旅游业（12 号）2000 ~ 2010 年产业关联入度变化较大，排序提升较快，说明这些产业对经济的拉动作用有所增强。海洋船舶工业（5 号）产业关联入度有所减少，这主要是因为网络结构发生变化，海洋船舶工业（5 号）在产业网络中的位置变得相对次要。

从中国海洋企业数量及规模来看，2000～2010年变化较大的产业有海洋油气业（2号）、海洋生物医药业（7号）、海洋交通运输业（11号）和滨海旅游业（12号）。下面以山东省海洋交通运输业为例，说明2000～2010年以海洋交通运输为主营业务的企业数量变化，具体见表5－14。

表5－14　　山东2000～2010年海洋交通运输业企业变化

年份	海洋交通运输业公司名称	公司成立时间
2000	青岛远洋大亚物流集团	1996
	青岛庆合国际贸易有限公司	1997
	青岛华顺国际物流有限公司	1997
	中国远洋运输公司青岛分公司	1976
2010	青岛铁骑国际物流公司	2004
	青岛展华威国际物流有限公司	2010
	海陆集装箱运输	2005
	青岛铁骑国际物流有限公司	2004
	青岛德玛国际物流有限公司	2010

从表5－14可以看出，2000～2010年，山东省海洋交通运输公司数量增加较多，主要集中在青岛市，且该类企业数量一直在稳步增长。根据统计数据可知，海洋交通运输区域在其他省份发展同样迅速，这说明在中国海洋经济战略下，海洋交通运输业发展迅速，带动区域经济发展，反过来区域经济的快速发展也有利于海洋交通运输业的发展，尤其沿海地区作为中国海洋经济的龙头，海洋半岛的重要地级市，在中国海洋经济发展中发挥着重要作用。

（2）产业基础关联树分析。

根据基础关联树构建算法，以直接消耗系数作为赋权系数，构建出中国2000年和2010年77部门产业网络基础关联树，利用UCINET将基础关联树可视化，见图5－3和图5－4。

从图5－3和图5－4可以看出，海洋产业主要分布在基础关联树末端，但相比于2000年，2010年有一部分海洋产业变成了枝干产业。说明经过几

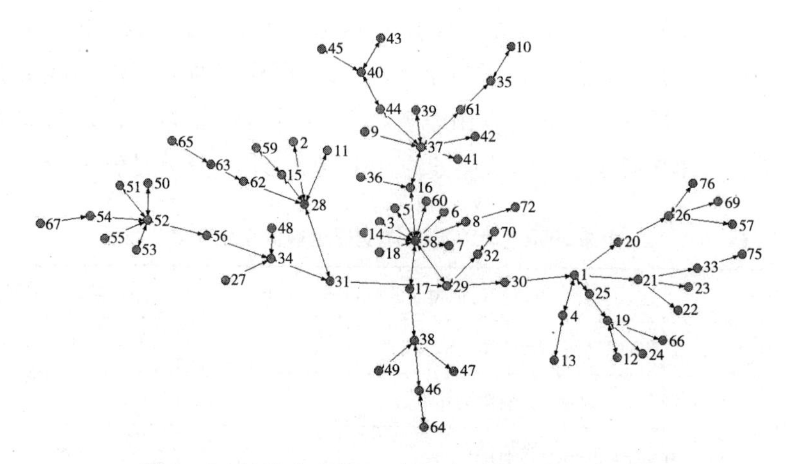

图5-3　2000年中国77部门产业网络基础关联树

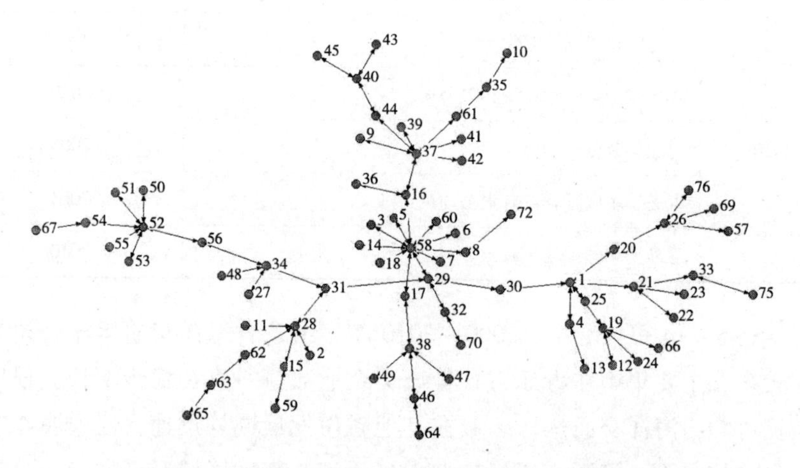

图5-4　2010年中国77部门产业网络基础关联树

年发展，中国海洋产业在中国海洋产业网络中地位变得相对重要，但总起来讲，海洋产业仍然不处于网络核心地位，且与其他产业关联较弱。

5.2.3　核结构实例分析

（1）核关联结构分析。

根据中国77部门关联矩阵，可以得出其产业网络的核结构见图5-5和图5-6。

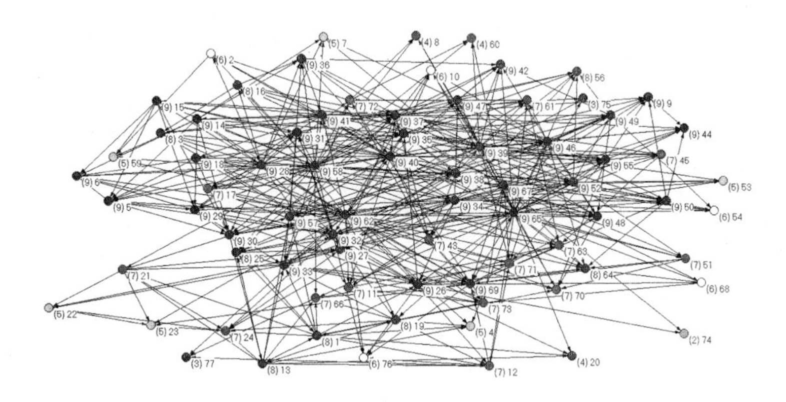

图5-5　2000年中国77部门网络核结构

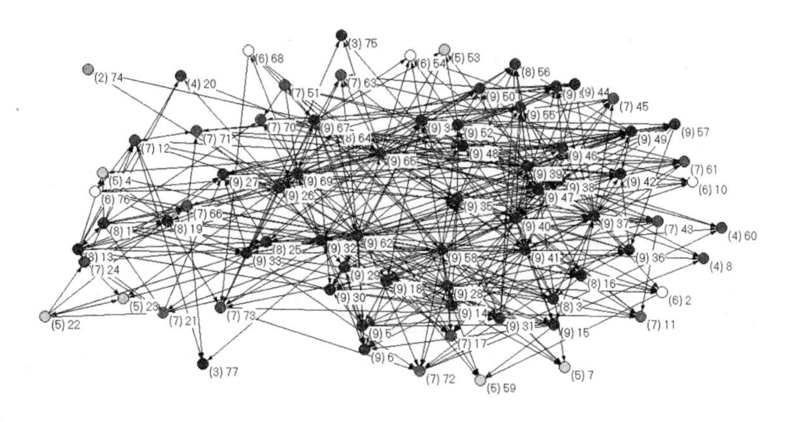

图5-6　2010年中国77部门网络核结构

从图5-5和图5-6可以看出，2000年和2010年产业网络的核度值均为9，主核中产业数分别为49和12，占总产业数的46.7%和11.4%。2000年有5个海洋产业在主核中，2010年有1个海洋产业在主核中，但2010年海洋产业核度值普遍较大。主核内产业对其他产业的辐射作用较大，对区域经济发展有重要影响。

（3）海洋产业核度值分析。

核关联结构效应是把海洋产业作为一个整体分析其网络结构效应，为了更直观地看出海洋产业2000~2010年的变化，计算海洋产业在产业网络中的核度值，见表5-15。

表 5-15　　2000 年、2010 年海洋产业核度值分布

产　业	2000 核度值	2010 年核度值
01 海洋渔业	4	6
02 海洋油气业	4	7
03 海洋矿业	6	6
04 海洋盐业	7	4
05 海洋化工业	9	9
06 海洋生物医药业	9	9
07 海洋电力业	3	6
08 海水利用业	3	6
09 海洋船舶工业	9	9
10 海洋工程建筑业	5	7
11 海洋交通运输业	3	7
12 滨海旅游业	3	6

从表 5-15 可以看出，2000 年海洋产业在核中的数量要多于 2010 年，但 2000 年海洋产业核度值的均值比 2010 年海洋产业核度值的均值小。2000 年的海洋产业核度值呈两极分化状，海洋船舶业（5 号）、与海洋化工业（6 号）在主核中核度值为 8，但海洋生物医药业（7 号）、海洋工程建筑业（08）、海洋电力（09）等产业核度值很低。2010 年虽在主核内的海洋产业数相比于 2000 年要少，但除海洋盐业（4 号）外，海洋产业的核度值都在 6 以上。说明经过几年发展，海洋产业总体层次性和关联性变强，尤其是的服务性海洋产业，如海水利用业（10 号）海洋交通运输业（11 号）、滨海旅游业（12 号）变化显著。海洋船舶业（5 号）、与海洋化工业（6 号）产业核度值有所降低，主要是因为产业网络结构变化，这两个产业发展稍慢于其他海洋产业，导致核度值下降。

分析海洋产业内部核度分别之后，把海洋产业作为一个整体，计算海洋产业平均核度值，并与第一、第二、第三产业平均核度值进行比较。2000 年和 2010 年计算结果分别见表 5-16 和表 5-17。

表5－16　　2000年海洋产业与第一、第二、第三产业平均核度值

产　业	平均核度值
第一产业	8
第二产业	9.31
第三产业	10.15
海洋产业	5.47

表5－17　　2010年海洋产业与第一、第二、第三产业平均核度值

产　业	平均核度值
第一产业	6
第二产业	8.16
第三产业	9.07
海洋产业	6.35

从表5－16和表5－17可以看出，中国海洋产业的核度值有上升趋势，逐渐趋于产业网络的核心地位。2000年中国第一产业的平均核度值为8，第二产业的平均核度值为9.31，第三产业的平均核度值最高为10.15，海洋产业的平均核度值为5.47，低于第一、第二、第三产业。但2010年中国海洋产业的核度值介于第一和第二产业之间，从产业网络核结构的层级性来说，海洋产业层级性增强，但相比于第二、第三产业，在产业网络中的关联性还较弱，对其他产业的带动能力还有待加强。

5.2.4　产业波及效应分析

海洋产业是海洋产业族的基础，因此本书主要研究海洋产业变化时引起国民经济其他产业变化的程度，即海洋产业的产业网络影响力系数和产业网络感应度系数。具体计算结果见图5－7。

从图5－7可以看出，对于影响力系数，2000年所有海洋产业的影响力系数均不大于1，说明2000年海洋产业对经济的推动作用极为有限。2010年12个海洋产业中有5个海洋产业影响力系数大于1，表明这几个产业的影响力处于平均水平以上，这5个海洋产业都属于第二产业，分别是海洋

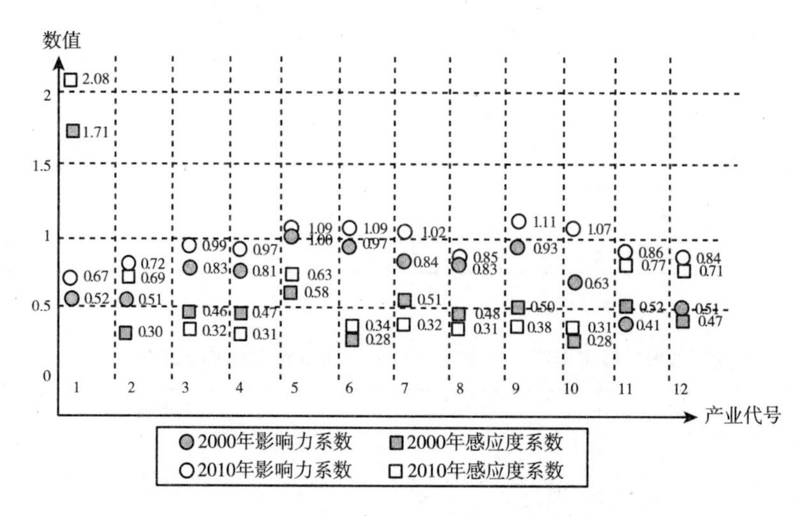

图5-7　海洋产业的影响力系数和感应度系数

化工业（5号）、海洋生物医药业（6号）、海洋电力业（7号）、海洋船舶工业（9号）和海洋工程建筑业（10号），这些产业对原材料需求较大，后向关联程度较高。其他几个海洋产业的影响力系数小于1，其影响力处于平均水平以下。其中属于第一产业的海洋渔业（1号）影响力系数最小，属于第三产业的海洋交通运输业（11号）和滨海旅游业（12号）的影响力系数也较低，因为这几个海洋产业主要面对最终消费者，后向关联程度较低。

同样，从图5-7中可以看出，2000年和2010年海洋渔业的感应度系数分别为1.71和2.08，远高于其他11个海洋产业，说明海洋渔业的前向关联程度很高，也表明经济发展对海洋渔业有很强的带动作用。其他11个海洋产业的感应度系数均小于1.0，说明这11个海洋产业的感应度均处于产业平均水平以下，即经济发展对海洋产业的拉动力小于平均拉动力。

5.3　科技创新与海洋产业互动发展实例分析

海洋经济作为以海陆协同和可持续发展为核心理念的新型经济被越来越多的国家和地区视为提升其区域竞争力的新引擎。海洋经济是一种创新型经济，强调新的发展理念、新的运行机制和管理模式；海洋经济需要高新技术的支持，以科技创新作为发展核心。巴利亚达雷斯（Valladares，2009）指出海洋经济发展中应着重突出海洋经济发展中的技术支撑与人力资本支撑。从已有文献看，国内一些学者从变量相关度、科技投入结构、对比分析等视角研究了科技创新对海洋经济发展的影响。例如，马吉山通过研究海洋经济与科技创新的相关性，分析了海洋科技创新和海洋经济发展的互动关系；房甜甜和田旭通过研究科技创新投入结构，分析了青岛市应如何进行科技创新以发展壮大海洋经济发展；马吉山和倪国江通过对比国际上发达国家海洋科技创新情况，找出我国海洋科技发展的差距，提出促进我国海洋科技发展的措施。已有成果对研究科技创新对海洋经济发展具有重要意义，但多是从定性角度出发，从宏观视角分析科技创新对海洋经济发展的意义，且是把海洋经济作为一个整体进行研究，尚未分析科技创新与海洋经济中具体产业的关系。投入产出方法是研究产业之间的两两关系的经典方法，基于此，本书从投入产出模型出发，利用2011年国家统计局公布的山东省144部门投入产出数据，根据投入产出模型，定量分析科技创新与海洋经济中不同行业的依赖关系。

科技创新活动主要包括R&D活动，科技成果产业化和由此衍生的科技服务活动，这些活动在山东省144部门投入产出表中为以下三个产业：研究与试验发展业、专业技术服务业和科技交流和推广服务业。海洋产业包括海洋渔业、海洋油气业、海洋矿业、海洋盐业、海洋船舶工业、海洋化工业、海洋生物医药业、海洋工程建筑业、海洋电力业、海水利用业、海洋交通运输业和滨海旅游业12个产业。本书通过拆分山东省144部门投入产出表，得到12个海洋产业，并将产业系统划分为海洋产业集、科技创新产业集和其他产业集。基于投入产出理论，将单一集合投入产出模型扩展到多集合投入产出模型，分析科技创新与海洋经济互动发展关系。此外，分析海洋企业与科技创新机构的空间分布，以从空间分布视角研究两者之间的关系。最后根据实证结果提出海洋经济发展过程中重视科技创新的政策建议。

直接消耗系数是生产单位产业的产品对其他各个产业的产品或服务的直接消耗量，是从投入产出表列向考虑得来的，是投入产出模型中最常用的参数。设里昂惕夫投入产出模型为：

$$X = AX + Y \tag{5-1}$$

其中，X 为总产出列向量，A 为直接消耗系数矩阵，Y 为最终需求列向量。

将投入产出表中的产业分为三个集合：12 个海洋产业集合，3 个科技创新产业集合，其他产业集合。以海洋产业集合的列模型为例：

$$\begin{aligned}
X_1^1 &= x_{11}^{11} + x_{21}^{11} + x_{31}^{11} + x_{11}^{21} + x_{21}^{21} + x_{31}^{21} + x_{11}^{31} + x_{21}^{31} + x_{31}^{31} + Y_1^1 \\
X_2^1 &= x_{12}^{12} + x_{22}^{12} + x_{32}^{12} + x_{12}^{22} + x_{22}^{22} + x_{32}^{22} + x_{12}^{32} + x_{22}^{32} + x_{32}^{32} + Y_2^1 \\
X_3^1 &= x_{31}^{13} + x_{32}^{13} + x_{33}^{13} + x_{31}^{23} + x_{32}^{23} + x_{33}^{23} + x_{31}^{33} + x_{32}^{33} + x_{33}^{33} + Y_3^1
\end{aligned} \tag{5-2}$$

为表达方式简洁，表示成矩阵形式，直接消耗系数矩阵 A 可以表示为：

$A = \begin{pmatrix} A^{11} & A^{12} & A^{13} \\ A^{21} & A^{22} & A^{23} \\ A^{31} & A^{32} & A^{33} \end{pmatrix}$，其中 A^{21} 为海洋产业对科技创新产业的直接消耗系数矩阵，A^{12} 为科技创新产业对海洋产业的直接消耗系数矩阵。$Y = \begin{pmatrix} Y^1 \\ Y^2 \\ Y^3 \end{pmatrix}$，$X = \begin{pmatrix} X^1 \\ X^2 \\ X^3 \end{pmatrix}$分别为海洋产业、科技创新产业和其他产业的最终需求和总产出。因此，公式（5－1）可以转变为：

$$\begin{pmatrix} X^1 \\ X^2 \\ X^3 \end{pmatrix} = \begin{pmatrix} A^{11} & A^{12} & A^{13} \\ A^{21} & A^{22} & A^{23} \\ A^{31} & A^{32} & A^{33} \end{pmatrix} \begin{pmatrix} X^1 \\ X^2 \\ X^3 \end{pmatrix} + \begin{pmatrix} Y^1 \\ Y^2 \\ Y^3 \end{pmatrix} \tag{5-3}$$

由式（5－2）、式（5－3）可知，海洋产业 j 对科技创新产业 i 的直接消耗系数为 $a_{ij}^{21} = \frac{x_{ij}^{21}}{X_j^1}$，直接消耗系数越大，表明某海洋产业产业对科技创新产业的直接依赖性越强。

直接分配系数是某产业单位产品或服务直接分配给其他各个产业产品或服务的分配量，从投入产出表的行向考虑得来的，高希（Ghosh）投入产出模型为：

$$X^{T}=X^{T}H+W \tag{5-4}$$

其中 X' 为总产出行向量，H 为直接分配系数矩阵，W 为初始投入行向量。以海洋产业集合的行模型为例：

$$\begin{aligned}
X_1^1&=x_{11}^{11}+x_{12}^{11}+x_{13}^{11}+x_{11}^{12}+x_{12}^{12}+x_{13}^{12}+x_{11}^{13}+x_{12}^{13}+x_{13}^{13}+Y_1^1\\
X_2^1&=x_{21}^{11}+x_{22}^{11}+x_{23}^{11}+x_{21}^{12}+x_{22}^{12}+x_{23}^{12}+x_{21}^{13}+x_{22}^{13}+x_{23}^{13}+Y_2^1\\
X_3^1&=x_{31}^{11}+x_{32}^{11}+x_{33}^{11}+x_{31}^{12}+x_{32}^{12}+x_{33}^{12}+x_{31}^{13}+x_{32}^{13}+x_{33}^{13}+Y_3^1
\end{aligned} \tag{5-5}$$

为表达方式简洁，将 Ghosh 投入产出模型写成矩阵形式为：

$$\begin{pmatrix}(X^1)^{T}\\(X^2)^{T}\\(X^3)^{T}\end{pmatrix}=\begin{pmatrix}H^{11}&H^{12}&H^{13}\\H^{21}&H^{22}&H^{23}\\H^{31}&H^{32}&H^{33}\end{pmatrix}\begin{pmatrix}(X^1)^{T}\\(X^2)^{T}\\(X^3)^{T}\end{pmatrix}+\begin{pmatrix}W^1\\W^2\\W^3\end{pmatrix} \tag{5-6}$$

其中，$\begin{pmatrix}H^{11}&H^{12}&H^{13}\\H^{21}&H^{22}&H^{23}\\H^{31}&H^{32}&H^{33}\end{pmatrix}$为直接分配系数矩阵，$\begin{pmatrix}(X^1)^{T}\\(X^2)^{T}\\(X^3)^{T}\end{pmatrix}$和$\begin{pmatrix}W^1\\W^2\\W^3\end{pmatrix}$分别为总产出和初始投入。由式（5-5）、式（5-6）可以得到海洋产业对科技创新产业的直接分配系数矩阵，$h_{ij}^{12}=\frac{x_{ij}^{12}}{X_i}$，直接分配系数 h_{ij}^{12} 越大，表明某海洋产业 j 对科技创新产业 i 的影响力越强。

山东省北靠渤海、南靠黄海，是海洋大省，具有良好的海洋产业资源。有一批高水平科研机构，如国家海洋局第一海洋研究所、中国海洋大学相关研究机构等，这对通过科技创新服务海洋经济发展，通过海洋经济发展进一步促进科技创新服务有重要意义。本书选取山东省作为研究对象，重点研究山东省科技创新与海洋经济发展之间的互动影响。

本书以 2011 年发布的“山东省 2007 年 144 部门投入产出表”作为数据来源，从中拆分出 12 个海洋产业，在此基础上，参考潘省初、赵炳新等调整投入产出数据的方法，将海洋产业增加值占相应部门增加值的比例作为权重，从相应产业中拆分出海洋产业，并相应减少被拆分产业的数据，以保证投入产出表平衡。

科技创新对海洋经济发展的影响研究主要通过投入产出模型中的直接消耗系数来研究。根据直接消耗系数计算公式，得出不同行业的海洋产业对科技创新产业的直接消耗，计算结果见表5－18。

表5－18　　海洋产业对科技创新产业的直接消耗系数

排名	海洋产业	研究与试验发展业	海洋产业	专业技术服务业	海洋产业	科技交流和推广服务业
1	海洋矿业	0.005335	海洋矿业	0.020636	海洋盐业	0.002913
2	海洋电力业	0.003280	海洋工程建筑业	0.007083	海洋矿业	0.002663
3	海洋工程建筑业	0.003120	海洋电力业	0.006467	海洋化工业	0.000764
4	海洋油气业	0.002137	海洋油气业	0.006024	海洋生物医药业	0.000644
5	海洋船舶工业	0.001940	海洋化工业	0.005777	海洋电力业	0.000292
6	海水利用业	0.001370	海水利用业	0.004931	海洋船舶工业	0.000235
7	海洋化工业	0.000782	海洋盐业	0.002356	海洋工程建筑业	0.000198
8	海洋生物医药业	0.000612	海洋生物医药业	0.002061	海水利用业	0.000195
9	海洋盐业	0.000413	海洋船舶工业	0.001953	海洋油气业	0.000079
10	滨海旅游业	0.000279	海洋渔业	0.000705	滨海旅游业	0.000063
11	海洋交通运输业	0.000046	滨海旅游业	0.000190	海洋交通运输业	0.000013
12	海洋渔业	0.000021	海洋交通运输业	0.000024	海洋渔业	0.000011

这里研究与试验发展业主要指海洋科学研究与试验，为了增加海洋科学知识以及运用这些知识创造新的应用，所进行的系统的、创造性的活动；专业技术服务业主要指海洋服务；科技交流和推广服务业包括海洋技术推广服务、海洋科技中介服务。从表5－18可以看出，对科技创新产业依赖较强的主要是海洋产业中的第二产业，如海洋矿业、海洋电力业、海洋化工业等。海洋产业中的第一产业海洋渔业对科技创新产业依赖性较弱，主

要依靠传统产业进行生产运作。海洋产业中的第三产业目前主要是海洋交通运输业和滨海旅游业，这两个产业对科技创新创业的依赖也较弱。

海洋产业对科技创新的影响主要通过投入产出模型中的分配消耗系数来研究。根据直接分配系数计算公式，得出不同行业的海洋产业对科技创新产业的直接分配，计算结果见表5-19。

表5-19 海洋产业对科技创新产业的直接分配系数

排名	海洋产业	研究与试验发展业	海洋产业	专业技术服务业	海洋产业	科技交流和推广服务业
1	海洋油气业	0.002399	海洋油气业	0.002393	海洋油气业	0.000570
2	海洋电力业	0.002087	海洋电力业	0.000635	海洋矿业	0.000517
3	海洋生物医药业	0.001763	海洋矿业	0.000485	海洋船舶工业	0.000077
4	海洋船舶工业	0.000882	海洋生物医药业	0.000460	海洋生物医药业	0.000052
5	海洋矿业	0.000478	海洋船舶工业	0.000330	海洋工程建筑业	0.000012
6	海洋工程建筑业	0.000249	海洋工程建筑业	0.000034	海洋渔业	0.000000
7	海洋渔业	0.000000	海洋渔业	0.000000	海洋盐业	0.000000
8	海洋盐业	0.000000	海洋盐业	0.000000	海洋化工业	0.000000
9	海洋化工业	0.000000	海洋化工业	0.000000	海洋电力业	0.000000
10	海水利用业	0.000000	海水利用业	0.000000	海水利用业	0.000000
11	海洋交通运输业	0.000000	海洋交通运输业	0.000000	海洋交通运输业	0.000000
12	滨海旅游业	0.000000	滨海旅游业	0.000000	滨海旅游业	0.000000

从表5-19可以看出，对科技创新产业有较强促进作用的也是海洋产业中的第二产业，如海洋油气业、海洋矿业、海洋电力业、海洋化工业、海洋生物医药业等，这些产业的发展需要科技创新来带动；反过来，这些产业也带动了相关科技创新产业进步。同样，海洋产业中的第一产业和第三产业对科技创新产业的促进作用有限，这主要是因为海洋产业中的第一产业和第三产业对科技创新的要求低，依靠已有的传统产业即可实现海洋

渔业、海洋交通运输业和滨海旅游业的发展。随着海洋经济发展，海洋渔业、海洋交通运输业和滨海旅游业也会实现转型发展，对科技创新的要求会越来越高。

本书根据2015年山东省海洋企业总部及其主要分公司所在城市，确定山东省沿海地区海洋企业分布。同样，根据2015年相关科研机构所在地及分支机构确定山东省与海洋产业相关的科研机构空间分布。海洋企业和相关科研机构空间分布见图5－8。

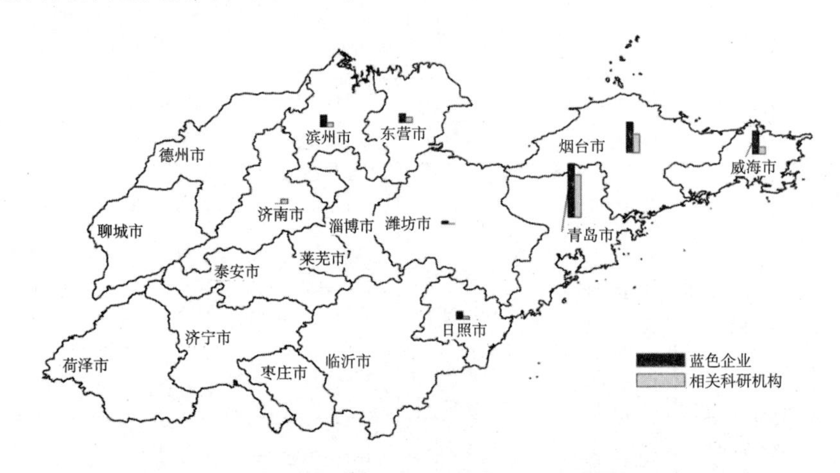

图5－8　山东省海洋企业和相关科研机构空间分布

从图5－8可以看出，山东沿海地区拥有海洋企业最多的城市是青岛，其次是烟台、威海。与之相对应，青岛、烟台和威海相关科研机构数量也多于其他地区。根据海洋企业和相关科研机构的地区分布，可以看出，海洋企业数量和相关科研机构数量呈正相关关系。需要指出的是，济南虽然不是沿海地区，几乎没有海洋企业，但因济南是整个山东省的科研教育文化中心，且有科研实力较强的山东大学承担部分海洋经济研究工作，所以尽管济南没有海洋企业，但仍有相关科研机构。对照相关科研机构分布可看出，海洋企业多的地区，尤其是海洋产业中的第二产业对应的企业越多的地区，相关科研机构数量越多；例如，青岛聚集了全国30%的海洋科研机构、50%的海洋高层次科研人才、70%以上的涉海两院院士①。当然，海

① 根据2014年《中国海洋统计年鉴》得出相关数据。

洋企业数量和相关科研机构数量之间没有决定性关系，企业和机构数量还受当地经济发展基础、人文环境等因素的影响。但从资源和需求角度讲，海洋企业的发展离不开科研机构的支撑；反过来，海洋企业实践中遇到的问题得到的经验也可以促进相关科技的创新。

以山东省为例，证实了技创新与海洋经济发展的相互促进关系。根据实证结果可以得出以下结论：（1）海洋经济和科技创新相互影响。海洋经济的发展离不开科技创新的支持，反过来，海洋经济发展过程中遇到的问题和经验也可以进一步促进相关科技的创新。（2）海洋产业中与科技创新关系密切的是海洋产业中的第二产业，如海洋油气业、海洋矿业、海洋电力业、海洋化工业、海洋生物医药业等，这些产业的发展需要科技创新来带动；反过来，这些产业也带动了相关科技创新产业进步。目前，山东省海洋产业中的第一产业和第三产业对科技创新要求较低，主要依靠传统产业实现发展。相信随着海洋经济发展，海洋渔业、海洋交通运输业和滨海旅游业也会实现转型发展，对科技创新的要求会越来越高。

5.4 问题与建议

通过建立2000年和2010年77部门的中国的投入产出模型，本书对中国海洋产业发展情况和结构性特征进行了深入研究，而且对海洋产业的投入结构、基础关联、核关联和波及效应进行了比较研究。根据计算数据和分析结果，参考我国多个省份海洋经济发展现状，得出海洋产业存在“力小，势弱；重地理位置，轻产业关联；重单个产业，轻产业链/网”的突出问题。

5.4.1 发展问题——产业网络视角

（1）海洋产业“力小”“势弱”。

2000～2010年海洋经济水平有较快发展，一些指标（如产业关联度和圈度关联效应）有显著提高：海洋产业平均产业关联度数值增大，说明海洋产业在产业网络中关联性增强，在基础关联树上，一些海洋产业开始出现在枝干上，说明在产业网络中地位变得更加重要。从循环结构指标也可以看出，海洋产业的循环能力也有所增强。

但总起来说，海洋产业发展还处于初级阶段，其关联仍存在着“散、弱、小”等特征，对其他产业的辐射力较低，对区域经济带动能力较弱。此外，海洋产业本身发展不均衡。当前海洋产业中的优势性产业都是和海洋资源相关的产业，包括海洋渔业、海洋化工业、滨海资源旅游业，这些产业的开发利用往往依赖自然资源，而对于需要较多创新研发投入的海洋生物医药业、海洋电力和海水利用业等产业投入较少，这些产业的发展缓慢。目前，海洋产业存在的这一问题可以称之为“力小”“势弱”。海洋产业的“力小”指海洋产业规模较小、附加值偏低，从网络角度看，海洋产业的“力小”表现为产业关联度较小、处于基础关联树的末端等。海洋产业的“势弱”指海洋产业对其他产业的影响力较小，对区域经济的带动能力有限，从网络角度看，海洋产业的“势弱”表现为进入循环的数量较少、进入主核的海洋产业数量较少等。海洋产业“力小”“势弱”导致海洋产业辐射力不强、基于产业关联的海陆一体化程度低，陆地产业向海洋延伸度低等。这是目前海洋产业发展的现状，提升海洋经济水平必须要改变海洋产业“力小”“势弱”的现状。

（2）海洋经济发展对产业链重视不足。

中国沿海各省发展海洋经济的规划中重点强调发展某个或某几个海洋产业，是对单个产业的规划，仅仅强调了产业在产业链上的延伸，定位偏窄、偏低。但产业间存在错综复杂的产业关联影响着规划实施的效果。根据对海洋经济内涵的界定，几个产业组成的产业链应该是海洋经济战略的基本单元，必须基于全球化的产业分工，确立产业链在全球价值链上的优势，在此基础上将海洋经济战略的关键战略单元聚焦于某个特定区域，即海洋经济区（带）。因此海洋经济区（带）是海洋战略实施的龙头，并对国家重大战略形成强力支撑。

5.4.2 发展建议——产业网络视角

（1）发展海洋产业要“增力”“扩势”。

海洋经济区（带）的战略目标是提升海洋经济的水平。海洋经济区

（带）战略实施的根本目的是通过发展壮大海洋产业（族），优化产业集群结构，特别是产业关联结构，促进海陆经济的一体化和可持续发展，进而提升所在省（市）海洋经济的水平。这就是海洋产业“增力”“扩势”的过程。“增力”即海洋产业需要借助于增加投资、刺激创新等方式，提升其产业自身的产业规模，夯实海洋产业自身的基础，增加产业附加值；“扩势”即扩大海洋产业在集群经济中的影响力，改善海洋产业的产业结构，带动其他产业的共同发展，进而促进区域经济发展。在企业层面，要通过政策扶持、联合经营、引进外资等多元化发展模式，打造出一批海洋产业的旗舰企业。旗舰企业在区域经济发展中能起到标杆和示范作用，能在产业起步初期建立标准，较快拓宽整个产业的提升空间。

此外，我国海洋经济还存在着海洋产业的高技术水平低、基于产业关联的海陆一体化程度低及陆地产业向海洋延伸度低等问题。实证结果表明，现阶段突破这一状况的关键在于发展高新海洋产业和公共服务业，统筹海陆重大基础设施建设，提高海洋经济区（带）的支撑保障能力。这对我国实施海洋经济战略具有重要启示。

从网络角度讲，海洋产业发展要实现以下结构优化目标：①强化海洋产业与其他关键产业间的关联关系，直接发挥海洋产业同其他产业间的推动和带动作用；②强化海洋产业对于其他产业的循环带动效应，优化产业集群的循环结构。从海洋产业循环关联结构指标来看，能对区域经济起到较强循环带动作用的海洋产业数量较少，海洋产业整体循环带动能力弱直接体现出了海洋产业的发展层次低的特点，所以发展海洋产业的关键之一在于通过延伸海洋产业链的长度，强化其循环带动能力。对于资源输出型海洋产业（如海洋油气业、海洋矿业等）可以增强其深加工能力，着力发展这些海洋产业的下游产业，使海洋产业真正融入区域经济循环中去。对于技术输出型海洋产业（海洋生物医药业、海水利用业等），可以通过技术创新刺激新需求的方式进行升级改造。③强化海洋产业在集群核结构中的作用，发挥核内海洋产业对于其他产业的辐射效应。现在处于核内的海洋产业都有自身产业性质局限，“力小”“势弱”，所以应该培育有更强带动能力的海洋产业（如海洋油气业、海洋生物医药以及海洋电力与海水利用业等）进入集群的主核中，为集群中的海洋产业“增力”“扩势”。核内产业往往有较强的辐射能力，优化核内海洋产业构成能够借助集群核结构的

“势”与“力”的作用，对于核外产业的拉动和推动作用都有效果。

从具体产业讲，发展海洋产业应努力做到以下几点：①强化海洋化工业、滨海旅游业和海洋科研教育管理服务业等主导性海洋产业的优势，带动海洋产业全面发展。海洋化工业、滨海旅游业和海洋教育管理服务业在产业网络中的产业关联度指标优势明显，控制着资源的流动，并且属于循环联通图，产业技术水平和竞争力水平较高，在产业系统中带动作用较强，位于产业链的较下游位置，参与产业链下游的深层次再生产过程，对区域经济的发展起着重要作用。而且这些产业参与经济循环的能力很强，在产业系统中处于核心地位，能有效地带动其他产业的发展。②制订相关政策扶持海洋渔业、海洋油气业和海洋交通运输业的发展，避免其成为经济系统中的“瓶颈”产业。这些产业在网络中的感应度系数较大，受政策影响的弹性较大，而且受其他产业的影响程度高于社会平均水平，随着经济快速的发展，这些产业受益最大，但如果这些产业发展不好，必定会影响和制约其他产业的发展。所以需要引起政府重视和扶持，进一步发展这些产业，给予这些产业相应的财政政策、金融政策和人力政策支持。③培育海洋矿业、海洋盐业、海洋建筑业，实现海洋经济协同发展。在产业网络中，海洋矿业、海洋盐业、海洋建筑业的网络结构指标值较低，不能利用网络的“集群”和“辐射”效应，与其他海洋产业相比发展不足，缺少结构竞争优势。这些产业亟须政府投入相应的人力、物力和财力，并且加强与其他海洋产业的分工与合作，拓展前后向关联网，来获得进一步发展，提升这些产业在经济系统中的地位，实现海洋产业的协同发展。④大力推动海洋生物医药业和海洋电力和海水利用业的发展。这两个产业有着广阔的发展空间，但是从产业网络指标来看，两者的潜力都没有发挥出来。未来水资源匮乏将会使海水淡化成为重要的基础产业，所以应该及早完善海洋电力和海水利用业的核心技术，以便随时把握机遇，海洋生物医药业也将随着健康产业的兴起而受到广泛重视。

（2）发展海洋经济过程中要重视科技创新与人才培养。

发展海洋经济时需要强调一点的是，人才是发展海洋经济的基础，海洋经济发展的保障是科技创新和人才培养。实证结果表明，海洋产业与第三产业中的科学研究、技术服务等产业的前后向关联都比较弱。海洋产业的发展离不开研发与试验发展产业的支持，两者之间应该建立起重要的关联关系。然而，两者的前后向关联都很弱既反映了海洋产业本身对于研发方面的投入不足，也体现出当前科研机构对于海洋产业研究领域的忽视。

海洋经济发展过程中应高度重视科技创新。在海洋经济发展过程中，核心技术的攻关和竞争优势的形成，最终都是依靠科技创新，尤其是为了深化海洋产业发展层次，进一步提升产品的技术附加值，科技创新更是尤为重要。为发展海洋经济，各地区应该制订优惠政策，加强软、硬环境建设，为科技创新提供平台支撑，鼓励科技创新。积极引进高端人才，为海洋经济发展提供智力支持。科技创新的实现需要相应人才作为基础和保障。为发展海洋经济，各地区应增加教育投入，强化人力资本积累。一方面，创新人才引进机制，吸引高端人才并为其配备相应的研发团队和硬件基础，为海洋产业崛起助力；另一方面，需要建立与海洋经济相关的正规化培训教育基地，提升整体队伍的研究能力和创新能力。

增加海洋经济和海洋产业培训和教育投入，强化人力资本积累，为海洋经济的进一步发展提供智力支持。一方面，创新人才引进机制，吸引高端人才并为其配备相应的研发团队和硬件基础，为海洋产业崛起助力；另一方面，需要建立起正规化培训教育基地，提升整体队伍的研究能力和创新能力，尤其要注重海洋产业相关方面的培训。我国应该制订优惠政策，积极引进高端人才，还应该建立起学历教育之外的大型教育培训服务中心，立足于提升我国整体的创新水平、知识学习能力以及新技术的研发能力。就海洋产业而言，应该加大海洋产业系统中相关核心专业的教育和培训投入，形成海洋产业人才培养高地。

5.5　本章小节

经过十几年发展，中国海洋经济围绕海洋产业已有较为完善的产业体系，部分海洋产业，如海洋渔业、海洋化工业、滨海旅游业等发展迅速。发展壮大海洋产业，进而带动其他产业转型升级，实现从沿海向内陆、由发达地区向不发达地区逐步发展，是中国实施海洋经济战略的重要举措。本章主要研究中国海洋产业关联结构和海洋经济水平的变化情况，了解海洋经济发展现状，找到海洋经济战略实施中的问题，为海洋经济和海洋产业发展提供建议。

本章选取2000年和2010年中国投入产出表数据，根据数据调整规则，对2000年和2010年中国投入产出表数据进行拆分和调整，根据本书设计的产业关联结构效应指标，计算2000年和2010年海洋产业关联结构效应变化情况。从本章对中国海洋产业结构效应的研究可以看出，2000～2010年中国海洋经济水平有较快发展，如海洋产业平均产业关联度数值增大，说明海洋产业在产业网络中关联性增强，在基础关联树上，一些海洋产业开始出现在枝干上，说明在产业网络中地位变得更加重要。从循环结构指标也可以看出，中国海洋产业的循环能力也有所增强。

但不能否认的是，尽管中国海洋经济发展较快，但海洋产业仍有“散”“弱”“小”的特点，如海洋产业在产业网络主核中数量较少，海洋产业波及效应小，说明中国海洋产业对其他产业的辐射力和影响力都有限，对中国经济发展的推动力和拉动力还有待提高。

第6章　沿海城市网络实例分析

6.1　基于产业关联的沿海城市网络模型构建

6.1.1　数据来源

本书根据行政区划，选取辽宁、山东、江苏、浙江、福建五个典型沿海省份，选取这些省份中有海洋企业总部及其主要分公司所在城市作为基础数据，其中辽宁有7个城市、山东有9个城市，江苏有3个城市，浙江有7个城市，福建有6个城市（需要指出的是有些城市并不沿海，但也有海洋企业，如济南虽然不沿海，但有山东鲁华海洋生物科技有限公司、济南海益康海洋生物科技有限公司总公司和山东海洋投资有限公司等海洋企业，因此在研究拥有海洋企业的城市时，也把济南考虑在内），以此为基础，根据产业关联构建城市网络模型。

6.1.2　确定网络节点及其连接规则

本书根据行政区划，选取辽宁、山东、江苏、浙江、福建五个典型沿海省份，选取这些省份中有海洋企业总部及其主要分公司所在城市作为城市网络节点，其中辽宁（7个城市）、山东（9个城市），江苏（3个城市），浙江（7个城市），福建（6个城市），这些城市是城市网络模型节点，并以此为基础构建城市网络模型。沿海五省各城市如表6-1所示。

表 6-1　　　　沿海省份城市

<table>
<tr><td rowspan="7">辽宁</td><td>沈阳市</td><td rowspan="3">江苏</td><td>连云港</td></tr>
<tr><td>大连市</td><td>南通</td></tr>
<tr><td>鞍山市</td><td>盐城</td></tr>
<tr><td>丹东市</td><td rowspan="7">浙江</td><td>嘉兴市</td></tr>
<tr><td>锦州市</td><td>杭州市</td></tr>
<tr><td>营口市</td><td>绍兴市</td></tr>
<tr><td>葫芦岛市</td><td>舟山市</td></tr>
<tr><td rowspan="9">山东</td><td>青岛</td><td>宁波市</td></tr>
<tr><td>威海</td><td>台州市</td></tr>
<tr><td>烟台</td><td>温州市</td></tr>
<tr><td>滨州</td><td rowspan="6">福建</td><td>福州</td></tr>
<tr><td>潍坊</td><td>厦门</td></tr>
<tr><td>东营</td><td>泉州</td></tr>
<tr><td>济南</td><td>宁德</td></tr>
<tr><td>德州</td><td>漳州</td></tr>
<tr><td>日照</td><td>莆田</td></tr>
</table>

本书依据海洋产业网络模型确定城市间关联。但第 5 章建立的海洋产业网络模型是以产业间强关联为基础建立的网络模型，海洋产业间很多关联关系都被过滤掉了，以第 5 章建立的海洋产业网络模型确定城市间关联不能很好地反映城市间因海洋产业的存在而产生的关联关系，因此本部分首先调整海洋产业网络模型。本部分设定确定临界值 α，α 的设定标准是能过滤掉 20% 产业间流量值，即保留 80% 重要的产业间关联。在此基础上划分产业间关联等级。根据产业中间流量矩阵，判断产业间关联等级，将投入产出表中中间流量矩阵转化为产业关联关系矩阵 L，$L=(l_{ij})$，转化原则如表 6-2 所示。

表 6-2　　　　产业关联等级确定原则

投入产出流量	关联关系	等级关联系数
$x_{ij}>\alpha$	存在	$l_{ij}=1$
$x_{ij}=\alpha$	不存在	$l_{ij}=0$

注：为避免图中出现有向环，本书将对角线上元素设置为 0。

因为海洋产业中高科技产业关联度高，如果考虑海洋产业中的高科技产业会在一定程度上掩盖城市间由于主要海洋产业关联形成的关联关系，因此本书主要考虑海洋产业中12个主要海洋产业间的关联关系。根据产业间关联确定原则，确定2000年和2010年中国海洋产业间邻接矩阵，如表6-3和表6-4所示。

表6-3　　2000年中国海洋产业（主要部门）产业邻接矩阵

产　生	海洋渔业	海洋油气业	海洋矿业	海洋盐业	海洋化工业	海洋生物医药业	海洋电力业	海水利用业	海洋船舶工业	海洋工程建筑业	海洋交通运输业	滨海旅游业
海洋渔业	0	0	0	1	1	0	0	0	1	1	1	1
海洋油气业	0	0	1	0	1	1	1	0	0	0	1	0
海洋矿业	0	0	0	0	1	1	0	0	0	1	0	0
海洋盐业	1	0	1	0	1	0	0	0	0	0	1	1
海洋化工业	1	1	0	1	0	1	0	0	1	1	1	1
海洋生物医药业	0	1	0	0	1	0	0	0	1	0	0	0
海洋电力业	1	1	0	0	1	1	0	0	1	0	1	0
海水利用业	0	0	0	0	0	0	0	0	0	0	0	1
海洋船舶工业	1	1	0	0	0	0	0	0	0	1	1	1
海洋工程建筑业	1	0	0	0	0	0	0	0	0	0	0	0
海洋交通运输业	1	1	0	0	1	0	1	0	1	0	0	1
滨海旅游业	1	0	0	0	0	1	0	0	1	0	1	0

表6-4　　2010年中国海洋产业（主要部门）产业邻接矩阵

产　生	海洋渔业	海洋油气业	海洋矿业	海洋盐业	海洋化工业	海洋生物医药业	海洋电力业	海水利用业	海洋船舶工业	海洋工程建筑业	海洋交通运输业	滨海旅游业
海洋渔业	0	0	0	1	1	1	0	0	1	1	1	1
海洋油气业	0	0	1	0	1	1	1	0	0	0	1	0

续表

产生	海洋渔业	海洋油气业	海洋矿业	海洋盐业	海洋化工业	海洋生物医药业	海洋电力业	海水利用业	海洋船舶工业	海洋工程建筑业	海洋交通运输业	滨海旅游业
海洋矿业	0	1	0	0	1	1	1	1	0	1	0	0
海洋盐业	1	0	1	0	1	1	0	1	0	0	1	1
海洋化工业	1	1	0	1	0	1	1	0	1	1	1	1
海洋生物医药业	1	1	0	0	1	0	0	0	1	0	0	0
海洋电力业	1	1	0	0	1	1	0	0	1	0	1	0
海水利用业	0	0	1	0	0	0	0	0	0	0	0	1
海洋船舶工业	1	1	0	0	0	0	0	0	0	1	1	1
海洋工程建筑业	1	0	0	0	0	0	0	0	0	0	0	0
海洋交通运输业	1	1	0	1	1	0	1	0	1	1	0	1
滨海旅游业	1	0	0	0	0	1	0	0	1	0	1	0

确定主要海洋产业间关联关系是确定城市网络模型中节点连接的第一步。然后需要确定各省城市中2000年和2010年不同行业海洋企业数量，以山东省为例，确定2000年和2010年9个城市拥有的海洋企业的类型和数量，如表6－5和表6－6所示。

表6－5　　截至2000年山东省成立的海洋企业

所在地	名称	注册年份	主营业务
青岛	青岛远洋大亚物流集团	1996	海运进出口货物的运输代理以及国际集装箱综合物流业务
青岛	中国远洋运输公司青岛分公司	1961	海运进出口货物的运输代理以及国际集装箱综合物流业务
青岛	青岛武船麦克德莫特海洋工程有限公司	2000	海洋石油钻井平台
青岛	山东省中鲁远洋渔业有限公司	1999	专业化渔业捕捞

续表

所在地	名　　称	注册年份	主营业务
青岛	青岛俊财远洋渔业有限公司	2002	为国内外的海船、渔船提供船舶管理、船舶维修、物资供应、外轮代理、码头租赁、船员劳务输出等服务
青岛	青岛扬帆船舶制造有限公司	1949	为国内外的海船、渔船提供船舶管理、船舶维修、物资供应、外轮代理、码头租赁、船员劳务输出等服务
青岛	青岛鑫祥编制公司	2000	生产各种养殖网
青岛	青岛聚大洋海藻公司	2000	海藻酸钠
青岛	青岛庆合国际贸易有限公司	1997	进出口商检报关、海运订舱
青岛	青岛华顺国际物流有限公司	1997	进出口海运
青岛	青岛龙翔国际物流	1997	进出口海运
青岛	青岛海洋化工有限公司	1993	海洋涂料、重防腐涂料、环保涂料、功能涂料、功能材料、黏合剂及有关助剂的开发研究、生产、销售及技术
威海	山东威海航海渔业集团发展有限公司	1991	以海洋捕捞为主，以海产品加工和海水养殖为辅产、供、销一体的综合性渔业企业
威海	山东新船重工有限公司	1951	为国内外的海船、渔船提供船舶管理、船舶维修、物资供应、外轮代理、码头租赁、船员劳务输出等服务
威海	威海新奇特渔具有限公司	2000	渔线、渔竿、渔钩、垂钓用品
威海	湖南渔人钓具有限公司	2008	渔线、渔竿、渔钩、垂钓用品
威海	好当家集团有限公司	1978	远洋捕捞、水产养殖、食品加工、热电造纸、滨海旅游
威海	中航威海船厂有限公司	1951	为国内外的海船、渔船提供船舶管理、船舶维修、物资供应、外轮代理、码头租赁、船员劳务输出等服务
威海	威海百合生物技术股份有限公司	1996	海豹油软胶囊加工，辅助降血糖软胶囊加工
威海	威海市宇王集团有限公司	1956	海水养殖、海洋生物科技、研发检测，保税物流、进出口业务以及冶金机械工业制造、房地产开发等

续表

所在地	名　　称	注册年份	主营业务
威海	威海海安游艇有限公司	1994	钓鱼艇、运动艇、休闲艇
威海	山东达因海洋生物制药股份有限公司	1994	生物制药企业
烟台	烟台杰瑞石油服务集团股份有限公司	1999	海洋石油钻井平台
烟台	烟台中集来福士海洋工程有限公司	1977	造船
烟台	烟台宏友水产有限公司	2000	海产品生产，如鳕鱼片、扇贝柱、栉孔贝等
烟台	烟台中集来福士海洋工程有限公司	1994	船舶的建造、维修、改造等
烟台	烟台恒浩食品有限公司	2000	烟台海参，海鲜礼品，冷冻海产品
潍坊	山东海化集团有限公司	1995	海洋化工生产和出口创汇基地
潍坊	山东海洋化工集团	1995	海洋化工基地
日照	山海天旅游度假区	1995	滨海旅游
济南	山东黄金矿业有限公司	2000	山东黄金集团有限公司控股目前国内唯一海底开采的黄金
济南	山东海运股份有限公司	1985	海洋运输，货物装卸、中转、联运、仓储等综合物流服务
滨州	山东滨化集团有限责任公司	1968	海洋化工基地
滨州	山东海明化工有限公司	1994	海洋化工基地

表 6－6　截至 2010 年山东省成立的海洋企业

所在地	名　　称	注册年份	主营业务
青岛	青岛远洋大亚物流集团	1996	海运进出口货物的运输代理以及国际集装箱综合物流业务
青岛	中国远洋运输公司青岛分公司	1961	海运进出口货物的运输代理以及国际集装箱综合物流业务
青岛	青岛武船麦克德莫特海洋工程有限公司	2000	海洋石油钻井平台
青岛	山东省中鲁远洋渔业有限公司	1999	专业化渔业捕捞
青岛	青岛俊财远洋渔业有限公司	2002	为国内外的海船、渔船提供船舶管理、船舶维修、物资供应、外轮代理、码头租赁、船员劳务输出等服务

续表

所在地	名称	注册年份	主营业务
青岛	青岛扬帆船舶制造有限公司	1949	为国内外的海船、渔船提供船舶管理、船舶维修、物资供应、外轮代理、码头租赁、船员劳务输出等服务
青岛	青岛鑫祥编制公司	2000	生产各种养殖网
青岛	青岛聚大洋海藻公司	2000	海藻酸钠
青岛	青岛庆合国际贸易有限公司	1997	进出口商检报关、海运订舱
青岛	青岛华顺国际物流有限公司	1997	进出口海运
青岛	青岛龙翔国际物流	1997	进出口海运
青岛	青岛武船重工有限公司	2006	船舶的建造、维修、改造等
青岛	青岛北海船舶重工有限责任公司	2002	船舶的建造、维修、改造等
青岛	青岛铸造机械设备有限公司	2003	船舶的建造、维修、改造等
青岛	青岛成易沅国际物流有限责任公司	2008	进出口海运
青岛	青岛铁骑国际物流公司	2004	进出口海运
青岛	青岛承航国际货运代理有限公司	2008	进出口海运
青岛	青岛展华威国际物流有限公司	2007	进出口海运
青岛	海陆集装箱运输	2005	海陆集装箱运输
青岛	青岛铁骑国际物流有限公司	2004	国际海运集装箱
青岛	青岛德玛国际物流有限公司	2007	进出口海运
青岛	威海博拉特钓具有限公司	2009	渔线、渔竿、渔钩、垂钓用品
青岛	黄海造船有限公司	2007	船舶的建造、维修、改造等
威海	威海甲骨渔具有限公司	2006	渔线、渔竿、渔钩、垂钓用品
青岛	青岛海洋化工有限公司	1993	海洋涂料、重防腐涂料、环保涂料、功能涂料、功能材料、黏合剂及有关助剂的开发研究、生产、销售及技术
威海	山东威海航海渔业集团发展有限公司	1991	以海洋捕捞为主，以海产品加工和海水养殖为辅产、供、销一体的综合性渔业企业
威海	山东新船重工有限公司	1951	为国内外的海船、渔船提供船舶管理、船舶维修、物资供应、外轮代理、码头租赁、船员劳务输出等服务
威海	威海新奇特渔具有限公司	2000	渔线、渔竿、渔钩、垂钓用品

续表

所在地	名　　称	注册年份	主营业务
威海	湖南渔人钓具有限公司	2008	渔线、渔竿、渔钩、垂钓用品
威海	好当家集团有限公司	1978	远洋捕捞、水产养殖、食品加工、热电造纸、滨海旅游
威海	中航威海船厂有限公司	1951	为国内外的海船、渔船提供船舶管理、船舶维修、物资供应、外轮代理、码头租赁、船员劳务输出等服务
威海	威海百合生物技术股份有限公司	1996	海豹油软胶囊加工，辅助降血糖软胶囊加工
威海	威海市宇王集团有限公司	1956	海水养殖、海洋生物科技、研发检测，保税物流、进出口业务以及冶金机械工业制造、房地产开发等
威海	威海海安游艇有限公司	1994	钓鱼艇、运动艇、休闲艇
威海	山东达因海洋生物制药股份有限公司	1994	生物制药企业
威海	湖南渔人钓具有限公司	2008	渔线、渔竿、渔钩、垂钓用品
威海	威海置业网有限公司	2004	主营海景房、婚房、学区房
威海	山东圣洲海洋生物科技股份有限公司	2010	以海参深加工为主，集海参养殖、海参粗加工、特色海参文化旅游为一体
烟台	蓬莱巨涛海洋工程重工有限公司	2001	海洋石油和天然气钻井平台
烟台	蓬莱中柏京鲁船业有限公司	2006	船舶的建造、维修、改造等
烟台	烟台杰瑞石油服务集团股份有限公司	1999	海洋石油钻井平台
烟台	烟台中集来福士海洋工程有限公司	1977	造船
烟台	烟台宏友水产有限公司	2000	海产品生产，如鳕鱼片、扇贝柱、栉孔贝等
烟台	烟台中集来福士海洋工程有限公司	1994	船舶的建造、维修、改造等
烟台	烟台恒浩食品有限公司	2000	烟台海参，海鲜礼品，冷冻海产品
潍坊	山东海化集团有限公司	1995	海洋化工生产和出口创汇基地
潍坊	山东海洋化工集团	1995	海洋化工基地
日照	山海天旅游度假区	1995	滨海旅游
日照	日照市东港区万商冷藏厂	2008	冷藏海产品；海鲜礼品箱

续表

所在地	名　称	注册年份	主营业务
济南	山东海洋投资有限公司	2005	海洋运输物流、海洋装备制造、海洋工程建筑、海洋能源矿产、现代海洋渔业、海洋生物工程、海洋生态环保、海洋文化旅游等产业的投资、经营与管理
济南	山东海运股份有限公司	1985	海洋运输，货物装卸、中转、联运、仓储等综合物流服务
济南	山东黄金矿业有限公司	2000	山东黄金集团有限公司控股目前国内唯一海底开采的黄金
滨州	山东滨化集团有限责任公司	1968	海洋化工基地
滨州	山东海明化工有限公司	1994	海洋化工基地
滨州	山东利通生物科技有限公司	2007	鱼粉、鱼油、卤虫卵
滨州	滨州海洋化工有限公司	2006	海洋化工基地
滨州	山东埕口盐化有限责任公司	2004	原盐生产为主，集盐化工、海水养殖为一体的企业
德州	山东陆海石油装备有限公司	2008	海洋石油钻井
东营	东营博深石油机械有限责任公司	2001	海洋石油钻井
东营	东营市海鑫石油装备有限公司	2007	海洋石油钻井

从表6－5和表6－6可以看出，首先，2000年前山东省海洋企业主要是海洋渔业、海洋油气业、海洋运输业等，2000～2010年海洋运输业、滨海旅游业发展迅速，山东省海洋企业在10年间数量明显增多；其次，一些内陆城市，如德州、济南也开始有海洋企业，如山东海运股份有限公司、山东海洋投资有限公司等企业，可以看出海洋经济海陆一体化发展趋势明显。其他4个沿海省份海洋企业基本具有相同特点。

6.1.3 沿海城市网络模型构建

在确定海洋产业网络和相关海洋企业后，根据本书设定的城市网络模型建模步骤，依据主要海洋产业间关联关系确定城市间关联关系。以敏感性试算拐点的方式确定城市关联的临界值，建立城市间邻接矩阵，进而建立城市网络模型。用 pajek 软件对 2000 年和 2010 年城市网络模型进行可视化，得到图 6－1 和图 6－2。

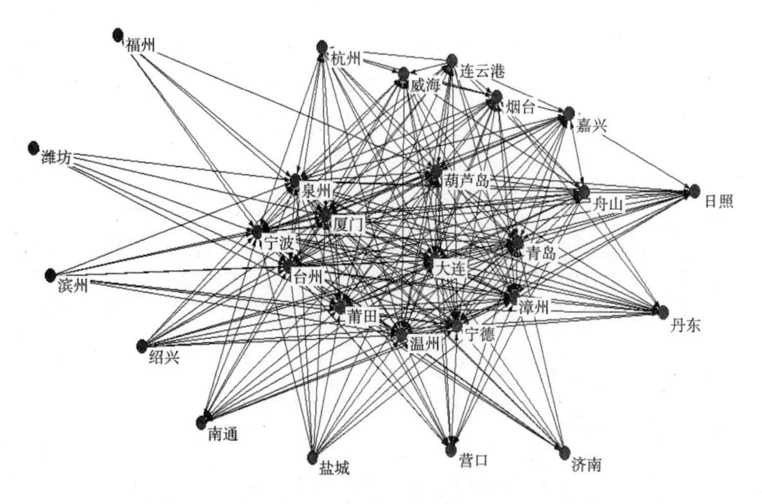

图 6－1　2000 年基于海洋产业关联的城市网络模型

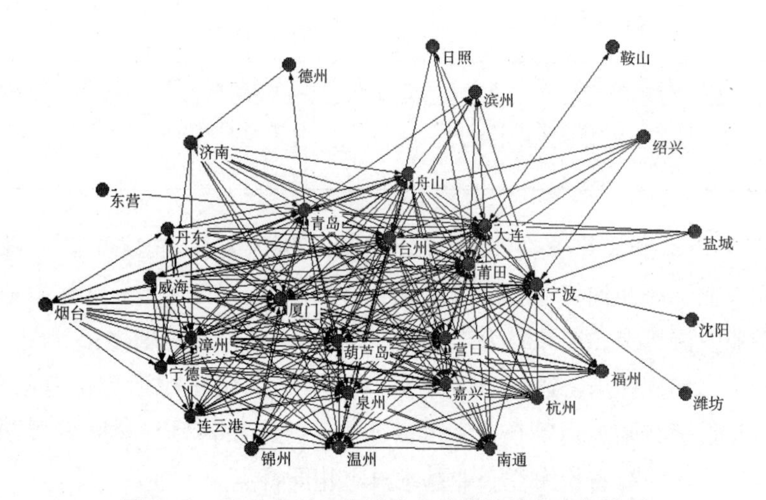

图 6－2　2010 年基于海洋产业关联的城市网络模型

2000 年城市网络中有 27 个城市节点，2010 年城市网络中有 32 个网络节点，多出来的这 5 个网络节点是东营、德州、沈阳、鞍山、锦州内陆城市，说明海洋企业已经不局限在沿海城市，从企业类型来看，新增的这些城市所拥有的海洋企业主要是海洋石油业、海洋投资、海洋科研等。同时，对比图 6－1 和图 6－2 可以看出，除了新增的 5 个城市外，原有的 27 个城市之间的关联变得更紧密，网络密度增加。

6.1.4 城市关联结构实例分析

根据城市关联度的公式计算计算2000年和2010年各城市关联度和城市中心度。因2000年和2010年城市网络规模不同，因此结果本身没有直接可比性，因此主要看城市排名，计算结果具体计算结果如表6-7～表6-10所示。

表6-7　　2000年城市关联度

排名	城市	出度	城市	入度	城市	城市关联度
1	宁波	22	宁波	26	宁波	48
2	厦门	22	台州	26	厦门	47
3	泉州	22	厦门	25	泉州	47
4	葫芦岛	20	泉州	25	台州	46
5	台州	20	青岛	25	青岛	45
6	青岛	20	大连	23	大连	41
7	温州	19	温州	22	温州	41
8	宁德	19	宁德	22	宁德	41
9	莆田	18	莆田	21	莆田	39
10	大连	18	烟台	21	烟台	39
11	烟台	18	葫芦岛	18	葫芦岛	38
12	舟山	17	漳州	17	漳州	31
13	连云港	16	威海	16	舟山	31
14	嘉兴	15	舟山	14	嘉兴	28
15	漳州	14	日照	13	威海	27
16	杭州	13	丹东	13	丹东	25
17	丹东	12	嘉兴	13	连云港	23
18	威海	11	营口	12	营口	22
19	盐城	11	南通	11	杭州	18
20	绍兴	11	连云港	7	南通	17
21	济南	10	济南	5	日照	16

续表

排名	城市	出度	城市	入度	城市	城市关联度
22	营口	10	杭州	5	济南	15
23	滨州	8	福州	4	盐城	11
24	南通	6	滨州	0	绍兴	11
25	潍坊	5	潍坊	0	滨州	8
26	福州	4	盐城	0	福州	8
27	日照	3	绍兴	0	潍坊	5

表 6－8　　2000 年城市中心性

排名	城市	度中心性	城市	介数中心性	城市	中间中心性
1	宁波	100	宁波	100	宁波	4.87
2	台州	100	台州	100	台州	4.87
3	厦门	100	厦门	100	厦门	4.87
4	泉州	100	泉州	100	泉州	4.87
5	莆田	96.15	莆田	96.30	莆田	3.53
6	大连	92.31	大连	92.86	葫芦岛	2.39
7	温州	92.31	温州	92.86	大连	2.30
8	宁德	92.31	宁德	92.86	温州	2.30
9	青岛	88.46	青岛	89.66	宁德	2.30
10	葫芦岛	88.46	葫芦岛	89.66	青岛	1.69
11	漳州	88.46	漳州	89.66	漳州	1.69
12	舟山	69.23	舟山	76.47	舟山	0.32
13	烟台	65.38	烟台	74.29	烟台	0.14
14	威海	61.54	威海	72.22	嘉兴	0.07
15	连云港	61.54	连云港	72.22	威海	0.04
16	嘉兴	61.54	嘉兴	72.22	连云港	0.04
17	杭州	53.85	杭州	68.42	潍坊	0.00
18	日照	50.00	日照	66.67	福州	0.00
19	丹东	50.00	丹东	66.67	济南	0.00
20	营口	46.15	营口	65.00	滨州	0.00
21	南通	42.31	南通	63.41	营口	0.00

续表

排名	城市	度中心性	城市	介数中心性	城市	中间中心性
22	盐城	42.31	盐城	63.41	日照	0.00
23	绍兴	42.31	绍兴	63.41	丹东	0.00
24	济南	38.46	济南	61.90	杭州	0.00
25	滨州	30.77	滨州	59.09	南通	0.00
26	潍坊	19.23	潍坊	55.32	盐城	0.00
27	福州	19.23	福州	55.32	绍兴	0.00

表6-9　　2010年城市关联度

排名	城市	出度	城市	入度	城市	城市关联度
1	宁波	24	宁波	28	宁波	52
2	青岛	23	大连	26	大连	49
3	大连	23	厦门	26	青岛	49
4	葫芦岛	22	青岛	26	厦门	48
5	烟台	22	莆田	24	莆田	44
6	厦门	22	营口	22	葫芦岛	44
7	莆田	20	葫芦岛	22	烟台	44
8	台州	19	烟台	22	台州	41
9	泉州	19	台州	22	泉州	41
10	宁德	19	泉州	22	宁德	41
11	漳州	19	宁德	22	漳州	41
12	连云港	18	漳州	22	温州	38
13	嘉兴	18	温州	21	营口	37
14	温州	17	丹东	17	嘉兴	34
15	舟山	15	舟山	16	丹东	32
16	丹东	15	嘉兴	16	舟山	31
17	营口	15	南通	14	连云港	31
18	杭州	14	威海	13	南通	27
19	威海	13	连云港	13	威海	26

续表

排名	城市	出度	城市	入度	城市	城市关联度
20	锦州	13	福州	10	福州	23
21	南通	13	济南	8	济南	20
22	福州	13	滨州	6	锦州	19
23	济南	12	锦州	6	杭州	14
24	盐城	5	东营	1	滨州	9
25	绍兴	5	德州	1	日照	5
26	日照	4	日照	1	盐城	5
27	滨州	3	沈阳	1	绍兴	5
28	潍坊	1	鞍山	1	德州	2
29	德州	1	潍坊	0	沈阳	2
30	沈阳	1	盐城	0	鞍山	2
31	鞍山	1	杭州	0	潍坊	1
32	东营	0	绍兴	0	东营	1

表 6-10　　2010 年城市中心性

排名	城市	度中心性	城市	介数中心性	城市	中间中心性
1	宁波	90.32	宁波	91.18	宁波	16.73
2	青岛	87.10	青岛	88.57	青岛	13.61
3	大连	87.10	大连	88.57	大连	10.49
4	厦门	83.87	厦门	86.11	厦门	4.04
5	莆田	83.87	莆田	86.11	莆田	4.04
6	葫芦岛	74.19	葫芦岛	79.49	济南	1.61
7	舟山	74.19	舟山	79.49	葫芦岛	1.07
8	营口	70.97	营口	77.50	舟山	1.07
9	台州	70.97	台州	77.50	营口	0.58
10	泉州	70.97	泉州	77.50	台州	0.58
11	宁德	70.97	宁德	77.50	泉州	0.58
12	漳州	70.97	漳州	77.50	宁德	0.58

续表

排名	城市	度中心性	城市	介数中心性	城市	中间中心性
13	温州	67.74	温州	75.61	漳州	0.58
14	连云港	58.06	连云港	70.45	温州	0.40
15	嘉兴	58.06	嘉兴	70.45	连云港	0.07
16	丹东	54.84	丹东	68.89	嘉兴	0.07
17	烟台	51.61	烟台	67.39	丹东	0.05
18	威海	48.39	威海	65.96	盐城	0.00
19	南通	48.39	南通	65.96	绍兴	0.00
20	杭州	45.16	杭州	64.58	威海	0.00
21	济南	41.94	济南	63.27	烟台	0.00
22	锦州	41.94	锦州	63.27	滨州	0.00
23	福州	41.94	福州	63.27	潍坊	0.00
24	滨州	22.58	滨州	56.36	东营	0.00
25	盐城	16.13	盐城	54.39	德州	0.00
26	绍兴	16.13	绍兴	54.39	日照	0.00
27	日照	12.90	日照	51.67	沈阳	0.00
28	德州	6.45	潍坊	48.44	鞍山	0.00
29	潍坊	3.23	德州	48.44	锦州	0.00
30	东营	3.23	沈阳	48.44	南通	0.00
31	沈阳	3.23	东营	47.69	杭州	0.00
32	鞍山	3.23	鞍山	47.69	福州	0.00

从表6-7～表6-10可以看出，在城市网络中关联层级较高的城市主要是经济实力较强的沿海城市如宁波、厦门、青岛、大连等，这些城市辐射力较强，对本省其他沿海城市海洋经济发展起了较好的带动作用。关联层级较弱的城市主要是沈阳、潍坊、东营、德州等城市，这些城市由于海陆联动发展有了一些海洋企业，但规模还较小，实力较弱。为了充分发挥海洋产业对区域经济的带动作用，可以围绕沿海地区部署海洋产业工业园区来开发海洋资源，同时完成沿海和腹地的产业分工，形成良好的互补联动机制，共享海洋产业发展的优势。通过构建海洋产业带，形成以海洋产

业为支撑的新城市群，不但可以完成区域内产业升级目标，而且为经济发展提供了新契机。

6.2 基于企业活动的沿海城市网络模型构建

6.2.1 数据资料与研究方法

为基于涉海企业总部及分公司的布局数据研究中国沿海城市的等级结构和空间格局，第一步需要寻找合适的涉海企业。因涉海企业类型多样、数量众多，本书筛选的涉海企业必须达到两个标准：一是有规范的企业网站，企业网站中提供其分公司或办事处的地理位置以及规模信息；二是至少在两个沿海城市有分公司或办事处。在这两个标准下，通过查询各涉海企业网站、《中国海洋统计年鉴》、地方统计年鉴和统计公报等，确定1995年、2005年和2015年满足条件的涉海企业，如2015年共选取64家满足条件的涉海企业，其中海洋渔业11家、海洋油气业2家、海洋盐业4家、海洋化工业5家、海洋交通运输业14家、海洋装备制造业17家、海洋生物医药业4家和滨海旅游业7家。

在确定1995年、2005年和2015年涉海企业的基础上，根据企业重要程度，给企业所在城市赋予不同分值，其中，企业总部所在城市3分，分公司所在城市2分，办事处所在城市1分，若企业在某城市没有分支机构，则该城市0分。通过该方法对中国沿海城市进行打分，考虑到部分城市得分较低，本书取得分在3分及以上的城市进行研究，1995年、2005年和2015年满足条件的城市分别有17个、28个和41个[①]（2015年城市矩阵见附表2），如表6-11所示。

---

① 根据涉海企业确定的沿海城市中，有少部分城市，如北京、济南、南京等不直接靠海，但因这些城市行政级别较高，有涉海企业的总部设在这些城市，为更全面客观的反映沿海城市之间的关系，本书也将这些城市归为沿海城市。

表6-11　　1995年、2005年和2015年重要沿海城市

1995年城市	大连	北京	天津	青岛	烟台	南京	苏州	南通	上海
	杭州	宁波	福州	厦门	广州	深圳	珠海	汕头	
2005年新增城市	丹东	威海	日照	东营	无锡	温州	舟山	佛山	湛江
	葫芦岛	连云港							
2015年新增城市	营口	潍坊	济南	滨州	泰州	镇江	徐州	常州	宿迁
	宁德	中山	惠州	茂名					

从表6-11可以看出，1995年入选的17个城市主要分为两类：一类是行政级别较高的城市，如首都、直辖市和沿海省份的省会城市；另一类是沿海经济发达城市。2005年新增的11个城市基本都是沿海城市，因其靠海的地理优势，逐步出现涉海企业，进而城市间形成关联。在2015年新增的13个城市中，开始出现部分内陆城市，如济南、泰州等，呈现海陆联动发展现象。

借鉴泰勒提出的城市网络构建方法，建立涉海企业在沿海城市分布的价值矩阵，进而得出沿海城市关联矩阵，基于沿海城市关联矩阵，构建沿海城市网络。根据涉海企业布局数据，将各涉海企业总部所在城市赋3分，分公司所在城市赋2分，办事处所在城市赋1分，建立沿海城市与涉海企业之间的价值矩阵V：

$$V=\begin{pmatrix} V_{11} & V_{12} & \cdots & V_{1n} & \cdots & V_{1t} \\ V_{21} & V_{22} & \cdots & V_{2n} & \cdots & V_{2t} \\ \vdots & \vdots & \ddots & \vdots & \ddots & \vdots \\ V_{m1} & V_{m2} & \cdots & V_{mn} & \cdots & V_{mt} \\ \vdots & \vdots & \ddots & \vdots & \ddots & \vdots \\ V_{s1} & V_{s2} & \cdots & V_{sn} & \cdots & V_{st} \end{pmatrix} \tag{6-1}$$

$$V_{mn}=\begin{cases} 3 & \text{城市 } m \text{ 有企业 } n \text{ 的总部} \\ 2 & \text{城市 } m \text{ 有企业 } n \text{ 的分公司} \\ 1 & \text{城市 } m \text{ 有企业 } n \text{ 的办事处} \\ 0 & \text{城市 } m \text{ 没有企业 } n \text{ 的分支机构} \end{cases} \tag{6-2}$$

城市m涉海企业聚集总分为$V_m=\sum_{n=1} V_{mn}$，保留得分在3分及以上的城市，作为城市网络的节点。由于城市是企业活动的空间载体，两个城市

中企业间的联系构成了城市之间的联系，因而，两个城市之间的连接程度就是由两个城市中共有的涉海企业之间联系累加得到的，定义城市 α 和城市 β 之间由涉海企业 n 产生的连接值为 $R_{\alpha\beta,n}=V_{\alpha n}\times V_{\beta n}$，城市 α 和城市 β 之间总连接值为 $R_{\alpha\beta}=\sum_{n}V_{\alpha n}\times V_{\beta n}$。基于此，建立 s 个城市之间的关联矩阵 $R_{s\times s}$，并利用 ArcGIS 软件得到城市网络。定义城市网络的总连接值为 $T=\sum_{\alpha=1}^{s}\sum_{\beta=1}^{s}R_{\alpha\beta}$，城市 α 与其他所有城市连接值为 $T_{\alpha}=\sum_{\beta=1}R_{\alpha\beta}$，城市 α 的网络连接率为 $t_{a}=\frac{T_{a}}{T}$，以网络连接率最高的城市 γ 为基准，得到城市 α 的网络相对连接率 $pt_{a}=\frac{T_{a}}{T_{\gamma}}$。

6.2.2 计算结果与分析

根据相对网络连接率公式，计算 1995 年、2005 年和 2015 年中国沿海城市的相对网络连接率①，计算结果如表 6－12 所示。

表 6－12　　　不同年份中国沿海城市相对网络连接率

城市	1995	2005	2015	城市	1995	2005	2015	城市	2005	2015	城市	2015
上海	1	1	1	福州	0.24	0.24	0.24	连云港	0.21	0.29	济南	0.09
北京	0.62	0.67	0.74	杭州	0.36	0.46	0.40	丹东	0.02	0.02	滨州	0.03
天津	0.60	0.61	0.69	苏州	0.38	0.48	0.50	葫芦岛	0.02	0.02	泰州	0.21
深圳	0.53	0.53	0.76	宁波	0.31	0.41	0.39	威海	0.39	0.37	镇江	0.04
青岛	0.43	0.53	0.73	烟台	0.17	0.47	0.42	日照	0.09	0.19	徐州	0.04
大连	0.40	0.43	0.63	珠海	0.18	0.18	0.18	东营	0.05	0.16	常州	0.02
南京	0.39	0.29	0.39	汕头	0.04	0.12	0.05	湛江	0.09	0.17	宿迁	0.03
广州	0.46	0.46	0.57	温州	—	0.17	0.17	无锡	0.11	0.11	宁德	0.05
厦门	0.41	0.51	0.52	舟山	—	0.25	0.25	营口	—	0.01	中山	0.09
南通	0.29	0.35	0.31	佛山	—	0.04	0.06	潍坊	—	0.11	惠州	0.06
											茂名	0.05

① 本书研究的 1995 年、2005 年和 2015 年沿海城市分别有 17 个、28 个和 41 个，因而部分城市缺少 1995 年或 2005 年相对网络连接率数值。

城市节点相对连接率可以反映城市在网络中的地位和影响，城市越重要，其相对连接率越高。利用 SPSS 的 K - Cluster 模块对城市进行聚类，将相对网络连接率相近的城市归为一组，根据城市在网络中的重要性，将中国沿海城市分为全国性的沿海城市、区域性的沿海城市、次区域性的沿海城市和地方沿海城市四类。以 2015 年为例，制作图 6 - 3。

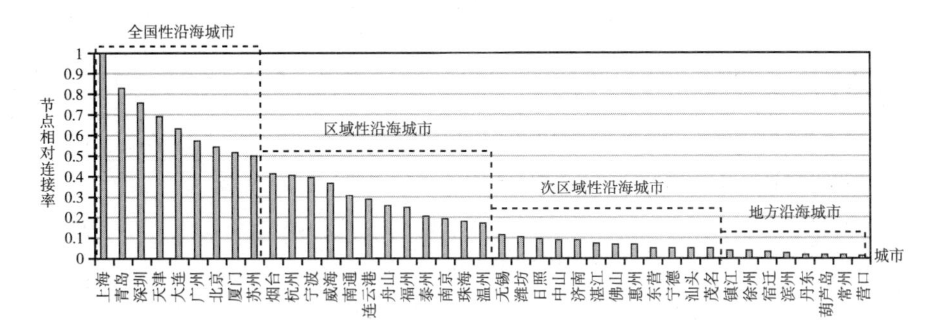

图 6 - 3　2015 年中国沿海城市节点相对连接率排序及其分类

由图 6 - 3 可以看出，通过聚类，2015 年 41 个沿海城市可以被分为 4 组：第一组是全国性的沿海城市，包括上海、青岛、深圳、天津、大连、广州、北京、厦门和苏州 9 个城市，这些城市是沿海城市网络联系的中枢，具有强大的影响力和竞争力；第二组是区域性的沿海城市，包括烟台、杭州、宁波、威海、南通、连云港、舟山、福州、泰州、南京、珠海和温州 12 个城市，这些城市是区域联系的重点，对其他沿海城市有较强的辐射深度和广度；第三组是次区域性的沿海城市，包括无锡、潍坊、日照、中山、济南、湛江、佛山、惠州、东营、宁德、汕头和茂名 12 个城市，这些城市的海洋经济发展迅速，实力不断增强，是发展海洋经济的重要城市；第四组是地方性的沿海城市，包括镇江、徐州、宿迁、滨州、丹东、葫芦岛、常州和营口 8 个城市，是发展海洋经济的新兴城市。

根据不同年份中国沿海城市的聚类分析，可以得出中国沿海城市等级结构，为直观反映从 1995 年到 2005 年、2015 年城市等级结构特征及其演变情况，制作表 6 - 13 和图 6 - 4。

表 6－13　　　　不同年份中国沿海城市等级结构分布

年份	城市等级	城市名称
1995	全国性沿海城市	上海、北京、天津、深圳
	区域性沿海城市	青岛、大连、南京、广州、厦门
	次区域性沿海城市	南通、福州、杭州、苏州、宁波
	地方沿海城市	烟台、珠海、汕头
2005	全国性沿海城市	上海、北京、天津、青岛、深圳、厦门
	区域性沿海城市	大连、烟台、苏州、宁波、福州、南京
	次区域性沿海城市	杭州、南通、温州、舟山、佛山、珠海
	地方沿海城市	丹东、葫芦岛、威海、日照、东营、连云港、无锡、湛江、汕头
2015	全国性沿海城市	上海、北京、天津、青岛、深圳、厦门、大连、苏州、广州
	区域性沿海城市	烟台、杭州、宁波、威海、南通、连云港、舟山、福州、泰州、南京、珠海、温州
	次区域性沿海城市	无锡、潍坊、日照、中山、济南、湛江、佛山、惠州、东营、宁德、汕头、茂名
	地方沿海城市	镇江、徐州、宿迁、滨州、丹东、葫芦岛、常州、营口

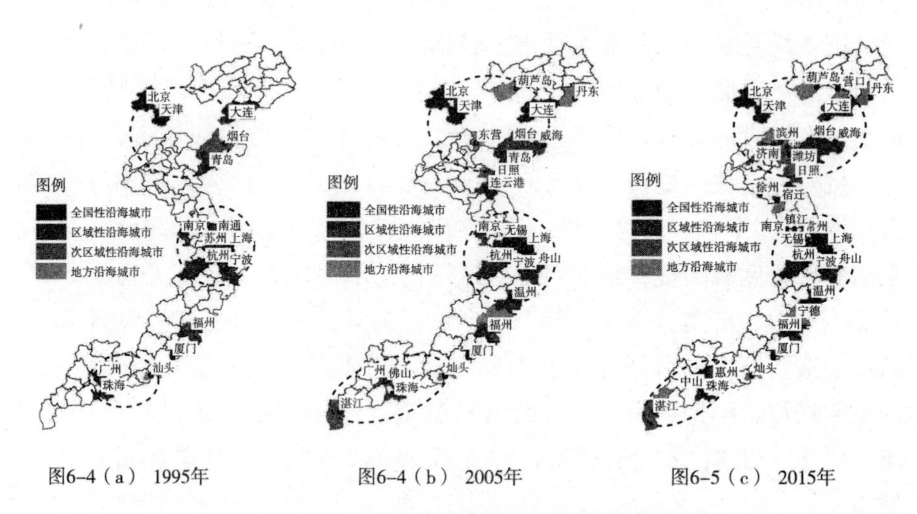

图6-4（a） 1995年　　图6-4（b） 2005年　　图6-5（c） 2015年

图 6－4　不同年份中国沿海城市等级结构

从表 6－13 和图 6－4 可以看出，不同年份中国沿海城市及其等级结构具有以下共同特征：第一，中国沿海城市等级结构与城市行政职能级别和经济发展水平有显著正相关关系。在城市等级结构中，全国性的沿海城市均为直辖市或副省级城市。究其原因，可能是因为这些城市有较高的行政职能级别，较容易获得政治经济社会资源，涉海企业率先设在这些城市，可以借助这些城市的影响力扩大市场半径，发展海洋经济。第二，中国沿海城市等级结构与地理位置密切相关。海洋经济具有明显地理特征，越靠海的城市，海洋资源越丰富，其海洋经济发展越快，在沿海城市等级中级别越高。第三，中国沿海城市群总体上可分为三大区域，分别是环渤海城市群、长三角城市群和珠三角城市群，在这些区域沿海城市聚集现象明显。

从1995年到2005年、2015年城市等级结构演变包括：首先，沿海城市等级呈层级递进式演变。在海洋政策的推动下，中国海洋经济快速发展，涉海企业依托于城市影响迅速扩张，城市向更高级方向发展，中国沿海城市等级表现出递进的上升过程，尤其是烟台、威海、连云港、福州、佛山、珠海、湛江等城市在城市网络中等级上升明显。从1995年到2005年、2015年，城市等级表现出"层级递进"特征，2005年和2015年各城市等级的新增城市多是由1995年低一级别的城市发展来的，如1995年只是地方性沿海城市的珠海，在2005年晋升为次区域性沿海城市，在2015年晋升为区域性沿海城市。然后，中国沿海城市群形成"三级三城市群"结构，"三级"是指北京、上海和深圳，"三城市群"是指环渤海城市群、长三角城市群和珠三角城市群。从1995年到2015年，在海洋经济发展的20年时间内，新兴沿海城市主要围绕北京、上海和深圳三个核心城市出现，以北京为中心的环渤海城市群、以上海为中心的长三角城市群和以深圳为中心的珠三角城市群不断扩张，规模逐渐增大。

6.2.3 中国沿海城市空间格局特征及其演变分析

为分析中国沿海城市的空间格局和城市之间的关联关系，本书根据1995年、2005年和2015年中国沿海城市之间的关联矩阵，借助ArcGIS软件构建城市网络模型，如图6-5所示。

从图6-5可以直观看出，从1995年到2005年、2015年，中国沿海城市之间联系强度逐渐加强，城市网络密度逐渐增大，城市空间结构日趋完整。在1995年，中国沿海城市空间格局形态尚不完备，城市之间联系较弱，大多数城市之间的连接值在10以下，城市网络总连接值为537，整体表现为一种稀疏的网络空间结构，出现环渤海城市群、长三角城市群和珠

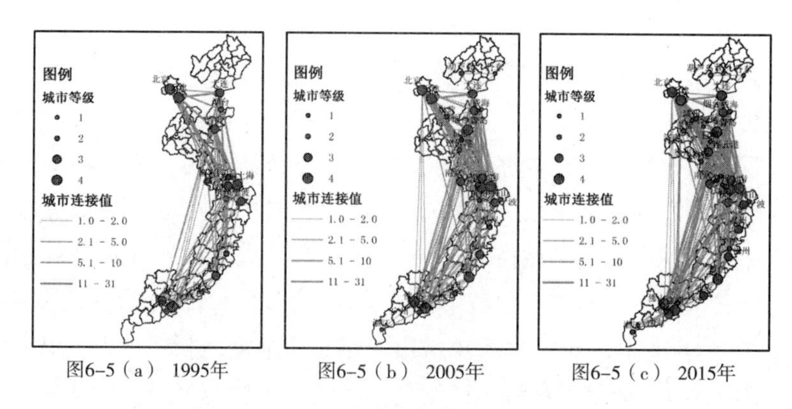

图6-5（a） 1995年　　图6-5（b） 2005年　　图6-5（c） 2015年

图6－5　不同年份中国沿海城市空间格局

三角城市群结构，但城市群内部联系不够紧密。到2005年，城市之间联系进一步加强，部分城市之间的连接值在10以上，城市网络总连接值增大到1189，城市间联系更加密切，环渤海城市群、长三角城市群和珠三角城市群形成的三角网络结构逐渐明显，城市群内部联系加强，但此时新兴沿海城市与其他城市之间的联系强度还较低。到2015年，城市空间格局及网络结构趋于完整，城市网络更加均匀，城市之间的联系强度明显加强，城市网络总连接值达到1658，城市空间联系效率整体提高，环渤海城市群、长三角城市群和珠三角城市群之间的联系更加紧密和直接。

（1）中国沿海三大城市群空间格局演变比较分析。

在中国沿海城市网络中，找出环渤海城市群、长三角城市群和珠三角城市群中所包含的城市，计算1995年、2005年和2015年三大城市群在群内部网络连接值及对外部网络连接值，分析三大城市群内关联及在整体网络中的连接情况，确定重要城市关联，并研究其空间格局变化，具体计算数值如表6－14所示。

表6－14　　三大城市群内外部连接值及重要城市关联

年份	城市群	内部连接值	外部连接值	内外部连接比	重要城市关联
1995	环渤海城市群	144	220	65.45%	北京↔天津，北京↔青岛，青岛↔天津
	长三角城市群	172	247	69.63%	上海↔苏州，上海↔厦门，上海↔宁波
	珠三角城市群	37	98	37.76%	广州↔深圳

续表

年份	城市群	内部连接值	外部连接值	内外部连接比	重要城市关联
2005	环渤海城市群	207	326	63.50%	北京↔天津，北京↔青岛，天津↔大连，大连↔青岛，青岛↔天津
	长三角城市群	302	448	67.41%	上海↔苏州，上海↔宁波，上海↔厦门，上海↔南通，南通↔连云港
	珠三角城市群	73	221	33.03%	广州↔深圳，广州↔珠海，深圳↔珠海
2015	环渤海城市群	330	586	56.31%	北京↔天津，北京↔青岛，天津↔大连，大连↔青岛，青岛↔天津，青岛↔烟台，大连↔烟台
	长三角城市群	406	694	58.50%	上海↔苏州，上海↔宁波，上海↔厦门，上海↔南通，南通↔连云港，宁波↔舟山，苏州↔南通
	珠三角城市群	110	344	31.98%	广州↔深圳，广州↔珠海，深圳↔珠海，深圳↔汕头，广州↔佛山

从三大城市群网络连接值及其变化来看，从1995年到2005年、2015年，三大城市群网络连接值在逐渐增大，城市网络密度在逐步增强。同时，长三角城市群总连接值始终高于环渤海城市群和珠三角城市群，长三角城市群依托于上海、南京、苏州、厦门等直辖市、省会城市和副省级城市进行辐射扩散，使长三角城市群占据了最多的网络联系。环渤海城市群主要依托于北京、天津、大连和青岛等沿海城市进行发展，其关联性仅次于长三角城市群。与长三角和环渤海城市群相比，珠三角城市群在城市网络中整体关联较小，主要是因为除了深圳和广州两个中心城市外，珠三角的沿海城市实力较弱，同时数量较少，尚未形成合理的层级关系。

从三大城市群网络内外部连接值的比值及其变化来看，从1995年到2005年、2015年，三大城市群内外部连接值的比值都呈现下降趋势。说明在1995年三大城市群内部城市关联较为紧密，城市群与外部城市之间关联疏松；到2005年、2015年，随着海洋经济的发展，三大城市群在内部城市关联加强的情况下，城市群之间的关系也逐渐变得紧密，城市间连接更直接更有效率。此外，环渤海城市群内外部连接值的比值始终低于长三角城市群，说明环渤海城市群内向联系较为突出，而长三角城市群外向联系较为突出。

从三大城市群重要城市关联及其变化来看，从 1995 年到 2005 年、2015 年，城市群内重要的城市关联数量逐步增加。在 1995 年，只有核心的沿海城市之间关联较为紧密，次区域性沿海城市、地方性沿海城市之间存在较为明显的空间关联断层现象，中小沿海城市与核心沿海城市之间的空间关联也不够紧密，因而整个城市网络的要素流通不够通畅。到 2005 年、2015 年，城市间以及三大城市群间关联关系都更加紧密，城市网络连通程度显著提高。

（2）中国沿海城市空间格局的基本框架。

为研究中国沿海城市空间格局的基本框架，提取 2015 年中国沿海城市网络中城市连接值在 10 以上的主要城市之间的网络，在该子网络中，共有北京、天津、大连、上海、深圳等 20 个城市，如图 6－6 所示。

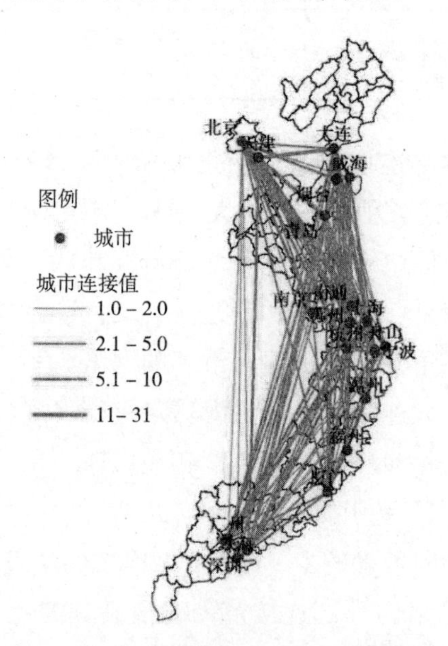

图 6－6　中国沿海城市空间格局基本框架

从图 6－6 可以看出，构成中国沿海城市空间格局基本框架的 20 个城市基本都属于全国性的沿海城市和区域性的沿海城市，说明高等级城市及其之间关联关系构成了中国沿海城市空间格局基本框架。这 20 个城市总的网络连接值为1406，占2015年中国沿海城市网络总连接值的84.8%，说明中国41个沿海城市之间的关联及其涉海企业的业务往来，约85%都与这20个城市相关。

这20个城市与北京连接总值为166，占总数的11.81%，与上海连接总值为320，占总数的22.76%，与深圳连接总值为190，占总数的13.51%，可以看出三大城市群的中心城市在网络中有较高的关联层级，是中国沿海城市空间格局基本框架中的核心城市。这三个城市集聚辐射能力较强，对周边沿海城市发展有较强辐射带动作用，其中北京作为首都，是全国政治、文化中心，虽不靠海，但大型涉海企业的总部或区域性分公司都倾向于设在北京；上海是全国金融中心，海洋经济活动活跃，拥有众多涉海企业，是城市网络的关键连接节点；深圳以其优越的地缘优势和政策支持，成为珠三角城市网络的核心。

根据实证研究，得到以下主要结论：第一，中国沿海城市网络具有明显的“全国性沿海城市——区域性沿海城市——次区域性沿海城市——地方沿海城市”的层级特征，在20年发展过程中，中国沿海城市等级表现出层级递进式演变过程。高等级沿海城市多为直辖市、副省级城市或靠近海洋的海滨城市，这些城市及其之间的关联关系构成了中国沿海城市空间格局基本框架。第二，在20年发展过程中，中国沿海城市之间联系强度逐渐加强，城市网络密度逐渐增大，城市空间结构日趋完整，形成“三级三城市群”网络结构，“三级”指北京、上海和深圳，“三城市群”指环渤海城市群、长三角城市群和珠三角城市群。第三，三大城市群网络结构逐渐完整，但其内外部空间格局存在差异。在20年发展过程中，三大城市群内部网络关联都有所加强，同时城市群之间联系也更加紧密，城市间连接更直接更有效率。环渤海城市群内向联系较为突出，而长三角城市群外向联系较为突出。结合实证分析结论，本书提出以下政策建议。

针对当前中国沿海城市明显的等级结构，应有一个长远的、立足于中国海洋经济整体发展的统筹规划。首先，政府要重视高等级沿海城市建设，培育和打造具有竞争实力和影响力的核心沿海城市，如果核心沿海城市不能发挥其作用，整个城市网络将会处于瘫痪状态；其次，应依托高等级沿海城市的辐射扩散效应，形成带动海洋经济发展的城市群，发挥空间极化效应，以连接次级发展城市，带动中国海洋经济整体发展；最后，充分发挥低等级沿海城市的支撑作用，避免重复建设和产业同构现象，在产业定位中寻找自己的位置，发挥自身优势，并积极营造适宜的外来投资环境，努力成为具有发展潜力的沿海新兴城市。

目前，中国沿海城市网络已经形成以北京为核心的环渤海城市群、以上海为核心的长三角城市群和以深圳为核心的珠三角城市群。在未来发展中国沿海城市网络过程中，必须重视以核心沿海城市为基础形成的城市群，以此作为中国海洋经济发展的战略支点。城市群战略规划要考虑城市战略功能定位和跨城市产业链设计的系统性协同，努力在城市群内部形成合理的产业布局，促进资源要素配置合理化。同时，实施有差别有针对性的城市发展政策，提升城市协同能力，增强城市群竞争力和影响力，为城市群向外扩展形成强力支撑。

6.3 存在的问题与建议

6.3.1 发展问题——城市网络视角

（1）海洋经济区规划基本是海岸带规划，定位偏窄、偏低。

本书实证结果表明，海洋经济涉及的城市已经不仅仅局限在沿海地区，一些内陆城市因为产业关联的原因也开始有海洋企业，虽然这些地区海洋企业实力还较弱。分析比较我国大部分沿海地区提出的海洋经济区（带）的规划，可以看出，目前规划中存在的突出问题是将海洋经济区（带）规划基本上等同于海岸带的规划，过于强调地理位置而忽略了海洋产业与产业关联结构的优化，弱化了海洋经济战略的价值，也忽略了一些有海洋企业的城市。

（2）海洋经济区规划对产业链重视不足。

根据对海洋经济内涵的界定，产业链应该是海洋经济战略的基本单元，必须基于全球化的产业分工，确立产业链在全球价值链上的优势，在此基础上将海洋经济战略的关键战略单元聚焦于即海洋经济区。因此海洋经济区（带）是海洋战略实施的“龙头”，并对国家重大战略形成强力支撑。但目前多数规划只是以产业为基本战略单元，忽略了产业链规划。

海洋经济区（带）的核心任务是实现海陆一体化和经济绿色化。海洋经济区（带）的战略目标决定着其核心任务是推动海陆一体化和经济绿色化，着眼点在于“升级”。“升级”主要包括海洋产业升级和海洋企业所在城市升级。目前海洋经济区规划存在产业规划层次不清晰、不完整，对产业链重视不够，不同区域的战略功能重点不突出，协同性不强。这有可能形成“海洋孤岛”，从而造成新的不可持续。

6.3.2 发展建议——城市网络视角

（1）海洋经济发展应注重海陆联动发展。

海洋经济发展涉及多方面问题，不仅仅是海洋发展这一单一问题。在制订海洋经济发展战略时，要综合考虑可持续发展和海陆联动发展，实现和谐发展，达到利益最大化。但是目前来看，海洋经济区与内陆城市之间缺乏科学有效的联动发展机制，各城市间存在的“诸侯经济”也在一定程度上阻碍了海洋经济的快速发展。实例分析可以看出，海洋产业尚未与内陆产业建立紧密的关联关系。海洋产业需要在新的管理理念下，充分发挥海洋产业对陆地产业的辐射效应，实现海陆资源互补，进而实现海陆协同发展。

相同产业内的规模效益和不同产业间的外部优势是产业集群产生的重要原因，促进海陆经济一体化，可以积累起海洋产业集群优势，缩小沿海地市海洋产业发展的差距，同时也有助于区域内产业间的企业之间形成合理联盟关系和有序竞争关系。为了充分发挥海洋产业对区域经济的带动作用，可以围绕沿海城市部署海洋产业工业园区来开发海洋资源，同时完成沿海和腹地的产业分工，形成良好的互补联动机制，共享海洋产业发展的优势。通过构建海洋产业带，形成以海洋产业为支撑的新城市群，不但可以完成区域内产业升级目标，也为经济发展提供了新契机。

（2）海洋经济区规划应注重城市集群和区域合作。

虽然海洋经济发展是依靠每个具体海洋产业和企业的技术进步和创新发展来实现的，但是单一海洋企业或单一城市的带动作用毕竟有限。因此，在制订海洋经济发展战略时，应该考虑产业集群和城市集群整体的效益增加值。从海洋产业整体出发，制订发展战略。海洋产业升级，城市交流和合作是个开放的概念，城市间相互合作是发展海洋经济的关键。为此，应逐渐完善港口、公路、铁路和机场等基础交通运输设施，打造交通运输网络体系，加强各城市关联程度的情况下，提高各城市专业化水平，实现更高效率的合作。

6.4 本章小节

本章根据行政区划，选取辽宁、山东、江苏、浙江、福建五个典型沿海省份，选取这些省份中有海洋企业总部及其主要分公司所在城市作为城市网络节点，其中辽宁有7个城市、山东有9个城市，江苏有3个城市，浙江有7个城市，福建有6个城市。确定城市节点后，根据第3章城市网络建模方法，构建2000年和2010年城市网络模型。在城市网络模型中城市间关联关系可以反映出城市间因海洋产业关联而存在的联系。通过对比2000年和2010年城市网络模型，计算城市网络模型的中心度，分析城市网络中的核心城市，以及沿海城市在城市网络中地位的变化。

从2000年和2010年城市网络模型可知，在城市网络中关联层级较高的城市主要是经济实力较强的沿海城市如宁波、厦门、青岛、大连等，这些城市辐射力较强，对本省其他沿海城市海洋经济发展起了较好的带动作用。此外，在海陆一体化背景下，由于海陆联动发展，一些内陆城市等也开始出现在城市网络中，如沈阳、潍坊、东营、德州等。可见，海洋经济涉及的城市已经不仅仅局限在沿海城市，一些内陆城市因为产业关联的原因也开始有海洋企业。基于此可知，目前对海洋经济区（带）的规划还存在一些问题。目前规划中存在的突出问题是将海洋经济区（带）规划基本上等同于海岸带的规划，过于强调地理位置而忽略了海洋产业与产业关联结构的优化，这样容易忽略一些对发展海洋经济很重要的内陆城市。

针对当前中国沿海城市明显的等级结构，应有一个长远的、立足于中国海洋经济整体发展的统筹规划。首先，政府要重视高等级沿海城市建设，培育和打造具有竞争实力和影响力的核心沿海城市，如果核心沿海城市不能发挥其作用，整个城市网络将会处于瘫痪状态；其次，应依托高等级沿海城市的辐射扩散效应，形成带动海洋经济发展的城市群，发挥空间极化效应，以连接次级发展城市，带动中国海洋经济整体发展；最后，充分发挥低等级沿海城市的支撑作用，避免重复建设和产业同构现象，在产业定位中寻找自己的位置，发挥自身优势，并积极营造适宜的外来投资环境，努力成为具有发展潜力的沿海新兴城市。

目前，中国沿海城市网络已经形成以北京为核心的环渤海城市群、以上海为核心的长三角城市群和以深圳为核心的珠三角城市群。在未来发展中国沿海城市网络过程中，必须重视以核心沿海城市为基础形成的城市群，以此作为中国海洋经济发展的战略支点。城市群战略规划要考虑城市战略功能定位和跨城市产业链设计的系统性协同，努力在城市群内部形成合理的产业布局，促进资源要素配置合理化。同时，实施有差别有针对性的城市发展政策，提升城市协同能力，增强城市群竞争力和影响力，为城市群向外扩展形成强力支撑。

第7章　海洋产业集群及其与城市发展耦合关系研究

7.1　问题描述

随着人类社会经济活动强度的增加，陆地资源的支撑能力越来越不堪重负，人们需要寻找新的资源支撑。在此背景下，经济活动开始由陆地向海洋延伸，既包括陆地资源向海洋资源的延伸，也包括经济活动由陆地空间向海洋空间的延伸。21世纪初，联合国提出“21世纪是海洋世纪”的论断，认为海洋将成为国际竞争的主要领域。海洋经济是一种以海陆协同和可持续发展为核心理念的新型经济形态，强调新的发展理念、新的运行机制和管理模式。在海洋战略的实施下，海洋经济得到快速发展，海洋产业出现集群化态势。海洋产业集群所具有的产业关联效应、产业聚集效应和产业辐射效应等是沿海城市发展的重要动力，也是城市间联系的基础。海洋产业集群已成为解释沿海城市竞争力、创新和增长的重要因素。海洋产业集群以沿海城市为发展平台和空间，沿海城市以海洋产业集群为基础实现快速可持续发展。海洋产业集群与沿海城市的协同耦合发展是提升产业竞争力和城市竞争力的重要途径。

产业集群是迈克尔·波特首次明确提出的，他指出产业集群是在某一特定领域内相互联系的公司和机构在地理位置上的集中。可见，产业集群重要的外在表现是相关企业和机构在地理空间上的聚集。随后，有学者指出产业集群的形成不仅因为地理位置的接近，还因为产业关联的存在，并有学者从产业垂直关联和产业水平关联两个角度提出识别产业集群的方法，用以研究德国产业集群。基于此，本书认为产业集群的形成需要满足两个条件：首先，产业间存在关联关系；其次，企业和机构在地理位置上形成一定聚集规模。从产业集群形成的条件看，产业集群实质上是由产业间关联、企业间关系耦合而成的系统。耦合本是物理学上的术语，近些年被广泛应用于地理经济、区域经济和相关管理问题研究，指两个或两个以上系统之间通过相互作用而相互影响、相互依赖、相互协调的动态关联关系。目前国内外学者常借鉴该方法研究产业集群和城市发展、产业集群和区域经济发展的关系。

对于海洋产业集群，目前有学者实证分析了海洋产业集群对区域经济发展的促进作用、海洋产业集群对海洋政策制定的影响等，在研究方法上，一般采用钻石模型、Delphi 分析法、基尼系数等研究产业集群。但这些分析只是从产业聚集或企业聚集单一视角对集群进行研究。与这些研究不同，本书从产业关联和空间聚集两个维度出发，识别海洋产业集群，设计海洋产业集群与沿海城市发展耦合的评价指标，以中国典型沿海省份山东省为例，基于投入产出数据和沿海城市海洋企业数据，研究海洋产业集群情况，并在此基础上，探讨海洋产业集群与山东省沿海城市发展的耦合关系。

7.2　研究方法和指标体系

7.2.1　产业集群识别方法

（1）产业集群机理分析。

根据已有研究可知，两个因素形成了产业集群：产业垂直关联和产业水平关联。其中，产业垂直关联是指产业链（网）上产业间的关联关系，是指产业上下游关联或由于经济技术原因形成的关联；产业水平关联是同一地区企业和机构间合作竞争关联关系。从系统论视角看，产业集群的系统要素包括产业 X_1 和相应的企业、机构 X_2 两部分，产业集群的系统结构 S 则是由其系统要素之间按照一定规则联结形成的相对稳定的关联集合整体。产业集群系统的数学描述如下：

$$S=\{X_1,X_2|X_1\times X_1,X_2\times X_2\} \tag{7-1}$$

产业集群包含两个重要的子系统，分别是产业关联子系统 $S_1=X_1\times X_1$、企业关联子系统 $S_2=X_2\times X_2$。实质上，产业集群是由产业关联子系统和企业关联子系统耦合而成的复合系统，其中，由产业与产业之间技术经济联系的产业关联子系统 S_1 起基础和支配作用。需要指出的是，形成产业集群的产业垂直关联和产业水平关联都应达到一定规模和水平，形成强关联关系。基于此，本书提出产业强关联子系统识别方法和企业强关联子系统，并在此基础上，确定产业集群。

（2）产业强关联子系统识别方法。

产业强关联子系统中的产业具有关联层级高、与其他产业交互作用强、辐射范围广等特征，这些产业是形成产业集群的基础和关键。产业关联是产业链（网）上的关联关系，目前能较准确研究产业间关系的数据是产业投入产出数据。投入产出数据反映某地区产业间的投入和产出关系，通过处理投入产出表可以得到垂直关联的相关信息。赵炳新等基于投入产出数据，利用图与网络方法，过滤掉产业间弱关联，找出强垂直关联产业群，将这些产业确定为垂直产业集群中的产业。具体步骤如下：

第一步：依据赵炳新建模方法，基于投入产出表建立产业网络模型 N。

第二步：计算产业网络的 *k-cores*。设产业网络 $N=(V,\ E)$，V 为网络 N 的点集，E 为网络 N 的边集，k 为自然数，对于任给定 $W\subseteq V$，N 的网络子图 $H_k=(W,\ E|W)$ 称网络 N 的 *k-cores*，当且仅当对 $\forall v\in W$，满足 $d_{H_k}(v)\geqslant k$，且 H_k 为具有这一特点的点极大子图。

第三步：将具有最大核值的子网络 H_k 定义为产业强关联子系统 S_1，S_1 中产业集合记为 V_{S1}。

7.2.2 企业强关联子系统识别方法

借助聚集指标计算某地区企业集中度，可以识别企业在地区聚集情况。近期文献中常采用基尼系数、赫芬达尔指数、区位商等来测算企业在某地区的集中度。本书采用区位商计算某地区企业集中度，进而识别企业强关联子系统。区位商：

$$LQ_{ij} = \frac{x_{ij} \Big/ \sum_j x_{ij}}{\sum_j x_{ij} \Big/ \sum_i \sum_j x_{ij}} \quad (7-2)$$

其中，i 表示第 i 个产业，j 表示第 j 个地区，x_{ij} 表示第 j 个地区第 i 个产业的指标。一般可以用产业销售收入、企业数量、企业从业人数等计算区位商。当 $LQ_{ij}>1$ 时，说明在 j 地区 i 产业集中度较高，设 $V_{S2}=\{i \mid LQ_{ij}>1\}$，定义由 V_{S2} 形成的系统为企业强关联子系统 S_2。

设 V_c 为产业集群的产业集合，产业集群是由产业关联子系统和企业关联子系统耦合而成的复合系统，定义 $V_c=V_{S1}\cap V_{S2}$。

7.2.3 耦合协调度模型

（1）耦合度模型。

耦合度描述多个系统相互影响的程度，耦合度越高，系统间关系越紧密，相互影响程度越高。在构建海洋产业集群和城市发展耦合度模型之前，首先需要定义海洋产业集群评价函数和城市发展评价函数。

定义海洋产业集群评价函数为：

$$U_1 = \sum_{i=1}^{m} a_i x_i (i = 1,2,\cdots,m) \quad (7-3)$$

其中，a_i 为各指标权重，x_i 为各指标标准化值。

定义城市发展评价函数为：

$$U_2 = \sum_{j=1}^{n} b_j y_j (j = 1,2,\cdots,n) \quad (7-4)$$

其中，b_j 为各指标权重，y_j 为各指标标准化值。

本书主要研究海洋产业集群和城市发展两个系统，因此耦合度函数为：

$$C = \left\{ \frac{U_1 \times U_2}{\prod(U_1 + U_2)} \right\}^{1/2} \quad (7-5)$$

其中，$C \in (0, 1)$，耦合度越大，说明系统关联越紧密，协同发展配合度越高。

（2）耦合协调度模型。

耦合度函数无法确定所研究的系统是在较高水平上相互影响还是在较低水平上互相影响，因此研究系统间协同发展关系，还需要计算耦合协调度函数，即：

$$D=\sqrt{C\times T}, T=\alpha U_1+\beta U_2 \tag{7-6}$$

其中，D 为耦合协调度，当 $0<D\leqslant 0.4$ 时，为低度协调；当 $0.4<D\leqslant 0.5$ 时，为中度协调；当 $0.5<D\leqslant 0.8$ 时，为高度协调；当 $0.8<D\leqslant 1.0$ 时，为极度协调；T 为海洋产业集群与城市发展综合评价指数。α 和 β 为待定系数，两个系统在协同发展过程中作用并不是完全对称，本书设定 $\alpha=0.4$，$\beta=0.6$。

7.2.4 指标体系与数据来源

（1）指标体系。

本书指标选取本着客观、科学和可操作性原则，建立海洋产业集群和城市发展指标体系，根据专家意见，结合 AHP 方法，确定各评价指标的权重，如表 7-1 所示。

表 7-1 海洋产业集群与城市发展耦合评价指标体系

目标	系统	指标	权重
海洋产业集群与城市发展耦合	海洋产业集群	产业区位商	0.47
		市场占有率	0.29
		产业聚集度	0.24
	城市发展	地区生产总值	0.21
		人均地区生产总值	0.11
		就业人数	0.17
		家庭总收入	0.14
		居民消费水平	0.18
		城市人口密度	0.19

（2）数据来源及处理。

本书所用数据主要来源于《山东统计年鉴》《中国统计年鉴》《中国海

洋统计年鉴》《投入产出数据》，地方统计年鉴如《青岛统计年鉴》《烟台统计年鉴》等，同时参考国家和地方统计局、中央银行等定期公布的经济参考数据、企业年鉴数据、行业分析报告和政府报告中的数据。

7.3　实证分析

山东省北靠渤海、南靠黄海，是海洋大省。山东省是中国发展海洋产业较早的省份，2009 年胡锦涛视察山东时提出“要大力发展海洋经济，科学发展海洋资源，培育海洋优势产业”，2011 年山东省《山东半岛蓝色经济区发展规划》得到国务院批准，发展山东省海洋经济成为国家海洋战略的重要组成部分。经过几年发展，山东省海洋产业形成了较完善的产业体系，部分产业呈现集群化态势，这些海洋聚集产业带动了当地甚至整个山东省经济的发展，是山东省非均衡发展的重要举措。基于此，本书选取山东省作为研究对象，首先研究山东省海洋产业集群状况，在此基础上，进一步研究山东省沿海城市海洋产业集群与该城市发展耦合协调情况。

7.3.1　山东省海洋产业集群分析

本书借助赵炳新（2015）研制的山东省海洋产业投入产出表，确定山东省海洋产业强关联子系统，以企业数量为依据计算山东省海洋产业的区位商，以此确定企业强关联子系统。以产业区位商为点权重给各产业赋权，点的大小代表该产业区位商的大小。计算结果如图 7 - 1 所示。

根据计算可知，产业强关联子系统中包含 7 个海洋产业，V_{S1} = {海洋渔业、海洋盐业、海洋生物医药业、海洋交通运输业、海洋矿业、滨海旅游业、海洋化工业}

企业强关联子系统中包括 7 个产业，V_{S2} = {海洋渔业、海洋盐业、海洋生物医药业、海洋交通运输业、海洋矿业、滨海旅游业、海洋电力业}

根据本书对产业集群的定义，$V_c = V_{S1} \cap V_{S2}$，由此可知山东省有 6 个海洋产业达到产业集群规模，分别是海洋渔业、海洋盐业、海洋生物医药业、

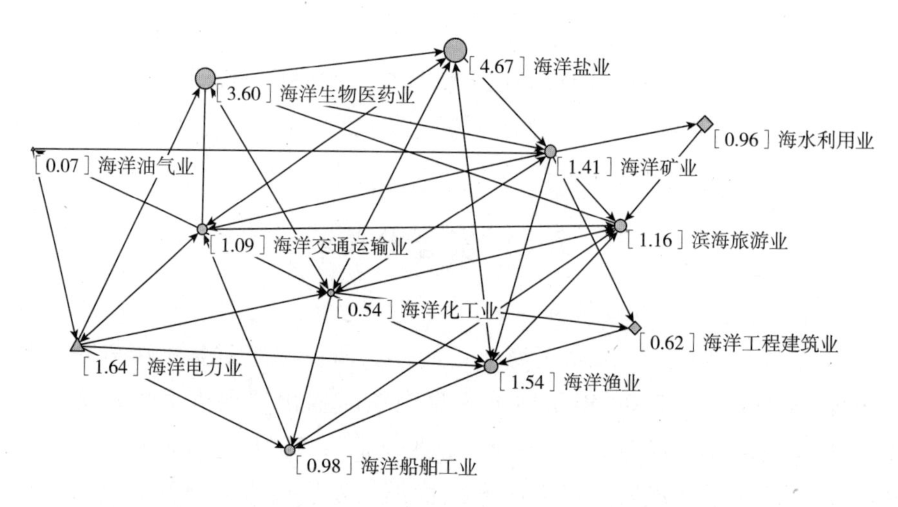

图 7－1　山东省海洋产业集群情况示意图

注：○代表产业强关联子系统中的产业

海洋交通运输业、海洋矿业、滨海旅游业。根据 2015 年山东省海洋企业总部及其主要分公司所在城市，确定山东省沿海城市海洋企业地区分布，以此确定这 6 个海洋产业主要集聚在哪些沿海城市，如表 7－2 所示。

表 7－2　　山东省沿海城市海洋产业集群分布

城市	集群产业				
烟台	海洋渔业	海洋生物医药业	滨海旅游业	海洋交通运输业	海洋矿业
青岛	海洋渔业	海洋生物医药业	滨海旅游业	海洋交通运输业	
威海	海洋渔业	海洋交通运输业	滨海旅游业		
日照	海洋渔业	海洋交通运输业	滨海旅游业		
东营	海洋渔业				
潍坊	海洋渔业				
滨州	海洋盐业				

从表 7－2 可以看出，海洋渔业已在烟台、青岛、威海、日照、东营和潍坊多个沿海城市形成聚集；海洋交通运输业主要集聚在青岛、烟台、日照和威海，这几个城市有中国重要的沿海港口，也有大型海洋运输企业；随着近些年旅游业发展，在山东主要沿海城市青岛、烟台、威海和日照已形成滨海旅游业集群。与海洋渔业、海洋交通运输业和滨海旅游业不同，

海洋盐业企业、海洋生物医药业企业、海洋矿业企业在沿海城市分布不均，海洋生物医药业主要烟台和青岛形成产业集群；海洋盐业企业主要集聚在滨州，滨州有多家以原盐生产、盐化工为主的企业，如位于滨州的山东埕口盐化有限责任公司、山东海明化工有限公司等；海洋矿业主要在烟台形成集群，在烟台有多家海洋矿业企业，如烟台的山东黄金集团有限公司和蓬莱巨涛海洋工程重工有限公司等，尤其是山东黄金集团有限公司，是目前中国唯一海底开采黄金的企业。

7.3.2　山东省海洋产业集群与城市发展耦合实证分析

根据山东省统计年鉴，确定山东省沿海城市的发展水平，其统计数据如表7－3所示。

表7－3　山东省2015年沿海城市发展水平

	地区生产总值（亿元）	人均地区生产总值（元）	就业人数（万人）	家庭总收入（元/人）	居民消费水平（元）	城市人口密度（人/平方公里）
青岛	8692.1	96524	584.7	42213	24559	1657
烟台	6002.08	85795	459.5	38052	20756	1910
威海	2790.34	99392	199.2	37652	30592	1495
济南	5770.6	82052	465.2	43196	26390	2488
潍坊	4786.74	51826	569.3	33176	10851	1075
东营	3430	163982	149.8	41401	14766	609
日照	1611.84	56348	208.7	29926	16622	1644
滨州	1611.84	56348	208.7	29926	16622	1644

在表7－3的基础上，根据耦合协调度模型，计算山东省7个沿海城市的海洋产业集群与其城市发展的耦合协调度，计算结果如表7－4所示。

表7－4　山东省海洋产业集群与城市发展耦合协调度数值及评价

城市	U1	U2	C	T	D	耦合协调等级
青岛	0.69	0.78	0.61	0.75	0.67	高度协调耦合
烟台	0.72	0.59	0.57	0.64	0.61	高度协调耦合

续表

城市	U1	U2	C	T	D	耦合协调等级
威海	0.39	0.45	0.46	0.43	0.44	中度协调耦合
潍坊	0.21	0.34	0.36	0.29	0.32	低度协调耦合
东营	0.37	0.32	0.41	0.34	0.38	低度协调耦合
日照	0.42	0.18	0.36	0.28	0.32	低度协调耦合
滨州	0.35	0.31	0.41	0.33	0.37	低度协调耦合

从表7－4可以看出，在山东省海洋产业集群与城市发展耦合协调过程中，仅有青岛和烟台的海洋产业集群与城市发展耦合程度较高，达到高度协调耦合。威海的海洋产业集群与城市发展达到中度协调耦合。其他山东沿海城市，如潍坊、东营、日照和滨州的海洋产业集群与城市发展目前还是低度协调耦合。

青岛和烟台是我国重要的海洋城市，是重要的国际贸易口岸和海上运输枢纽，在我国实施海洋战略中具有重要地位。近些年，青岛和烟台依托丰富的海洋资源，以海洋渔业为基础，以海洋交通和滨海旅游为发展重点，逐步发展海洋生物医药业、海洋矿业等新兴产业。2015年，青岛海洋经济占GDP比重已超过20%，海洋渔业、海洋交通运输业、滨海旅游业等海洋集群产业对青岛城市发展贡献率不断上升。烟台海洋矿产资源丰富，黄金储量居全国首位，烟台有我国唯一的海底开采黄金企业。此外，青岛和烟台有多家海洋科研机构，尤其是青岛聚集了全国30%的海洋科研机构、50%的海洋高层次科研人才，这些对海洋产业集群和城市经济都有促进作用。

威海位于胶东半岛最东端，是我国北方重要的海港，四季通航。同时，威海有丰富的海洋渔业资源，是我国最大的水产加工基地。近些年，滨海旅游业也成为威海经济的新增长点。但其他海洋产业在威海发展缓慢，目前尚未形成产业聚集。潍坊、东营、日照和滨州的海洋产业集群与城市发展目前还是低度协调耦合，这几个城市海洋产业多未形成集群，海洋产业对这几个城市发展推动作用也有限。

7.4 研究结论

本书在分析海洋产业集群和城市发展相互影响、相互促进的基础上，构建了海洋产业集群与城市耦合发展模型，以山东省为例，分析海洋产业集群情况，并根据耦合评价模型计算方法，对山东省各沿海城市海洋集群与城市发展的耦合关系进行了实证研究，研究结果表明：

（1）经过近些年发展，传统海洋产业已形成产业集群，新兴海洋产业也开始呈现集聚态势，这些产业集群的形成对城市发展有较强的促进作用，但新兴海洋产业多未形成产业集群，对经济发展促进作用有限。传统海洋产业发展较快，海洋渔业、海洋交通运输业、滨海旅游业已成为带动沿海城市发展的重要产业，沿海城市的发展又进一步推动了这些海洋产业的发展。新兴的海洋产业如海洋矿业、海洋电力、海洋工程建筑业等产业关联层级低，尚未形成集群，对城市发展推动作用有限。

（2）海洋产业集群与沿海城市发展间存在明显的协调耦合发展特征，海洋产业集群与城市发展互相促进、互相影响。海洋产业集群通过创新扩散、就业拉动和产值增加等方式带动城市发展，城市发展通过提供基础设施、人力资源等促进海洋产业发展。

（3）海洋产业集群数量对城市发展有重要影响，海洋产业集群已成为城市发展新的增长点，海洋产业集群数量越多，对城市发展推动力越大。海洋产业集群通过发挥集群优势实现对资源的有效利用和对相关产业的高效带动，实现区域经济增长和城市发展。

7.5 本章小节

随着人类社会经济活动强度的增加，经济活动开始由陆地向海洋延伸，既包括陆地资源向海洋资源的延伸，也包括经济活动由陆地空间向海洋空间的延伸。在海洋战略的实施下，海洋经济得到快速发展，海洋产业出现集群化态势。海洋产业集群所具有的产业关联效应、产业聚集效应和产业辐射效应等是沿海城市发展的重要动力。海洋产业集群以沿海城市为发展平台和空间，沿海城市以海洋产业集群为基础实现快速可持续发展。海洋产业集群与沿海城市的协同耦合发展是提升产业竞争力和城市竞争力的重要途径。本章从产业关联和空间聚集两个维度出发，识别海洋产业集群，设计海洋产业集群与沿海城市发展耦合的评价指标，以中国典型沿海省份山东省为例，基于投入产出数据和沿海城市海洋企业数据，研究海洋产业集群情况，并在此基础上，探讨海洋产业集群与山东省沿海城市发展的耦合关系。

第8章　结论与展望

8.1　研究结论

海洋经济作为一种新型经济，其核心理念是海陆协同和可持续发展。海洋经济的构成产业及产业间关联关系不仅决定着海洋经济的水平，而且是区域经济持续增长的重要源泉。本书根据社会经济可持续发展的时代要求，分析了海洋经济概念，将海洋经济的概念与模式扩展到整个经济体系，提出了界定的原则，是对此前国内外产、学、研各界以地域和资源特征作为海洋经济界定基础的突破。本书对海洋产业进行了度量和划分，建立海洋产业网络模型和区域网络模型，实际计算了中国海洋经济发展水平，并根据计算结果提出海洋经济战略实施的问题和建议。本书主要研究工作及创新点如下：

（1）建立海洋产业网络模型。

结合海洋经济内涵和海洋产业界定，本书利用图与网络方法，构建了海洋产业网络模型。海洋产业网络首先需要编制海洋产业投入产出表，量化产业部门间的关联关系，利用威弗指数找出产业间的强关联关系，过滤掉产业间弱关联关系。以产业对应网络中的点，以产业间关系对应网络中的边，在此基础上构造海洋产业网络模型。

（2）建立海洋城市网络模型。

在构建海洋产业网络模型的基础上，根据海洋产业关联关系，建立城市网络模型描述城市间因海洋产业关联而产生的联系和相互影响。城市网络模型以点对应城市，以边对应城市间联系。本书根据国民经济行业分类与代码（GB/T 4754－2011）明确海洋产业对应的相关企业，根据产业关联和相关企业总部及主要分公司城市分布情况确定城市间联系，在此基础上构建基于海洋产业关联的城市网络模型。

（3）设计评价海洋经济的指标体系。

本书研究设计了衡量海洋产业结构和海洋经济发展的指标体系，提出了关联指标。用以描述和刻画海洋产业关联结构，形成海洋产业关联结构效应指标体系。在城市网络中主要设计地区关联度、地区关联度中心性、地区介数中心性、地区接近中心性等指标描述区域网络中地区间关联关系。

（4）根据本书设计的网络模型和衡量指标，实证计算了中国2000年和2010年蓝色产业关联效应和对应的区域关联，对中国蓝色产业发展情况和结构性特征进行了深入研究，参考了我国多个省份蓝色经济区（带）的规划及实施，提出我国蓝色经济战略实施的问题和建议。

通过建立2000年和2010年77部门的中国蓝色产业网络模型，对中国蓝色产业和区域发展情况和结构性特征进行了深入研究，而且对蓝色产业族的投入结构，基础关联、循环关联、核关联和波及效应进行了比较研究。从计算数据和分析结果来看，中国的蓝色产业存在“力小，势弱；重地理位置，轻产业关联；重单个产业，轻产业链/网”的突出问题。参考我国多个省份蓝色经济区（带）的规划及实施，针对存在的问题，提出发展蓝色经济的建议：蓝色经济区的战略目标是提升蓝色经济的水平；蓝色经济区的核心任务是实现海陆一体化和经济绿色化；蓝色经济区产业规划的基本战略单元是产业链；蓝色经济水平提升的关键在于发展高新蓝色产业和公共服务业。

总起来讲，利用复杂网络理论可以明确定义蓝色产业及其类型，进而揭示蓝色产业的特征，并完整刻画蓝色经济的内涵，为蓝色经济的理论研究奠定基础。在明确蓝色经济内涵和蓝色产业范围的基础上，本书对影响蓝色经济特征的几类网络结构效应进行了分析，并以中国为例进行了实际测算，并根据蓝色产业关联建立区域网络模型。从中国蓝色经济计算实例可以看出，本书建立的蓝色产业网络模型和区域网络模型，以及所设计的蓝色产业关联指标体系和区域网络关联指标体系，能定量衡量基础关联结构效应、循环关联结构效应、核结构关联效应以及产业网络波及效应，不仅解决了蓝色产业关联结构效应和区域关联的可计算问题，而且为蓝色经济规划和战略制定提供了新型的定量化依据。计算结果验证了所设计指标的有效性。本书所界定的蓝色经济内涵、建立的网络模型和设计的指标体系，能体现可持续发展的要求与导向，拓展了蓝色经济理论研究的视野和应用的思路。

8.2　研究局限与研究展望

8.2.1　研究局限

本书从产业层面分析了蓝色经济的内涵，对蓝色产业进行了度量和划分，参考实际计算的中国蓝色产业结构效应，提出了蓝色经济战略实施的问题和建议。但本书也存在以下几点局限：

（1）蓝色经济的特性和本质有待进一步挖掘。本书尚未回答蓝色经济的开发利用与传统经济有何异同，蓝色经济可以弥补传统经济的哪些脆弱之处，蓝色经济本身的脆弱性是什么等问题。

（2）本书所提指标虽然可以反映中国蓝色经济的发展情况，具有可计算性和科学性，但对网络结构效应的研究有限，只是研究了投入关联、基础关联、循环关联、核关联、波及效应五种关联结构，对于网络中其他比较重要的关联结构，如密度结构、结构洞结构等尚未考虑。

（3）国家统计局逢2逢7年份编制投入产出表的基础表，逢0逢5年份编制投入产出表的延长表，投入产出表的基础表有多部门多版本数据，如2010年中国42部门投入产出表和2010年中国144部门投入产出表，但投入产出表的延长表版本较少且分类较粗。2010年中国投入产出表只有42部门，对本书要研究的问题而言，部门分类过于粗糙，且完成本书时2012年中国投入产出表尚未发布。因此2010年144部门投入产出表是当时官方公布的最新的144部门投入产出表。基于此，本书选取2000年和2010年中国投入产出表进行实际测算，尽管产业结构具有一定的稳定性，但毕竟有一定滞后性，这是本书实际计算的一个局限。

8.2.2 研究展望

根据本书研究局限，提出进一步研究的展望，主要包括以下几点：

（1）进一步研究海洋经济的特性和本质。研究海洋经济发展与传统经济发展轨迹的异同，传统经济暴露出来的弊病可否通过实施海洋经济战略得以解决。海洋经济发展中遇到的问题可否从传统经济中借鉴经验等。

（2）进一步研究能测算海洋经济水平的网络指标。对海洋产业网络进行模拟仿真，找出影响海洋产业网络的重要结构，结合实际情况，验证新指标的有效性和科学性。

（3）在2012年中国投入产出表公布后，对中国海洋经济发展水平进行测算，并与2000年和2010年情况对比，找出近十年中国海洋经济发展变化情况，并研究其发展变化原因。

总起来讲，尽管本书对海洋经济和海洋产业的研究存在一定不足，但相信经过进一步研究，会进一步明确海洋经济发展机理，找到更客观更有效的指标来反映海洋经济发展情况。复杂网络视角下界定的海洋经济内涵和以此为基础建立的指标体系，将海洋经济的概念与模式扩展到整个经济体系，能体现可持续发展的要求与导向，可以拓展海洋经济理论研究的视野和应用的思路。无论在经济理论上，还是对未来建立海陆协同的新型经济模式都具有重要意义。

附　　录

附表 1　　　　　　产业部门分类、代码及编号表

产业代号	产业名称	产业代号	产业名称	产业代号	产业名称
1	海洋渔业	19	食品及酒精饮料	37	钢压延加工业
2	海洋油气业	20	烟草制品业	38	有色金属冶炼及压延业
3	海洋矿业	21	纺织材料加工业	39	金属制品业
4	海洋盐业	22	纺织、针织制成品制造业	40	通用设备制造业
5	海洋化工业	23	纺织服装、鞋、帽制造业	41	专用设备制造业
6	海洋生物医药业	24	皮革、毛皮、羽毛（绒）及其制品业	42	铁路运输设备制造业
7	海洋电力业	25	木材加工及家具制造业	43	汽车制造业
8	海水利用业	26	造纸，印刷	44	船舶及浮动装置制造业
9	海洋船舶工业	27	文教体育用品制造业	45	其他交通运输设备制造业
10	海洋工程建筑业	28	石油加工、炼焦及核燃料加工业	46	电气设备
11	海洋交通运输业	29	基础化学原料	47	输配电及控制设备制造业
12	滨海旅游业	30	肥料、农药	48	家用电力和非电力器具制造业
13	农林牧渔业	31	合成材料制造业	49	其他电气机械及器材制造业
14	煤炭开采和洗选业	32	专用化学产品制造业	50	通信设备及雷达制造业
15	石油和天然气开采业	33	其他化学制品	51	电子计算机制造业
16	黑色金属矿采选业	34	塑料、橡胶制品	52	电子元器件制造业
17	有色金属矿采选业	35	非金属矿物制品业	53	家用视听设备制造业
18	非金属矿及其他矿采选业	36	黑色金属冶炼	54	其他电子设备制造业

续表

产业代号	产业名称	产业代号	产业名称	产业代号	产业名称
55	仪器仪表制造业	63	邮政业	71	综合技术服务业
56	文化、办公用机械制造业	64	信息传输、计算机服务和软件业	72	水利、环境和公共设施管理业
57	工艺品及其他制造业（含废品废料）	65	批发和零售业	73	居民服务和其他服务业
58	电力、热力的生产和供应业	66	住宿和餐饮业	74	教育
59	燃气生产和供应业	67	金融业	75	卫生、社会保障和社会福利业
60	水的生产和供应业	68	房地产业	76	文化、体育和娱乐业
61	建筑业	69	租赁和商务服务业	77	公共管理和社会组织
62	交通运输及仓储业	70	研究与试验发展业		

附表2　　2015年城市关联矩阵

城市	大连	丹东	营口	葫芦岛	北京	天津	青岛	烟台	威海	日照	潍坊	东营	济南
大连	0	2	1	2	4	16	8	6	6	0	0	0	0
丹东	2	0	0	1	0	0	0	0	0	0	0	0	0
营口	1	0	0	0	0	0	0	0	0	0	0	0	0
葫芦岛	2	1	0	0	0	0	0	0	0	0	0	0	0
北京	4	0	0	0	0	4	8	9	2	0	0	0	3
天津	16	0	0	0	4	0	22	0	0	4	4	0	0
青岛	8	0	0	0	8	22	0	12	8	5	3	6	4
烟台	6	0	0	0	9	0	12	0	5	3	2	1	3
威海	6	0	0	0	2	0	8	5	0	2	0	0	2
日照	0	0	0	0	0	4	5	3	2	0	0	0	1
潍坊	0	0	0	0	0	4	3	2	0	0	0	1	1
东营	0	0	0	0	0	0	6	1	0	0	1	0	0

续表

城市	大连	丹东	营口	葫芦岛	北京	天津	青岛	烟台	威海	日照	潍坊	东营	济南
济南	0	0	0	0	3	0	4	3	2	1	1	0	0
滨州	0	0	0	0	0	0	0	1	0	0	3	0	0
南京	0	0	0	0	6	4	2	0	0	0	3	0	0
苏州	6	0	0	0	4	9	4	2	2	0	0	0	0
泰州	0	0	0	0	0	0	0	0	0	0	0	0	0
南通	4	0	0	0	2	0	6	4	2	0	0	0	0
连云港	4	0	0	0	2	0	6	2	2	0	0	0	0
镇江	0	0	0	0	0	0	0	0	0	0	0	0	0
无锡	0	0	0	0	2	1	0	0	0	0	0	0	0
徐州	0	0	0	0	0	0	1	0	0	0	0	0	0
常州	0	0	0	0	0	0	0	0	0	0	0	0	0
宿迁	0	0	0	0	0	0	0	0	0	0	0	0	0
上海	12	0	0	0	16	16	12	4	4	0	0	0	0
杭州	4	0	0	0	6	5	8	4	4	0	0	0	0
宁波	4	0	0	0	4	0	6	4	4	0	0	0	0
温州	1	0	0	0	0	0	0	0	0	0	0	0	0
舟山	2	0	0	0	0	0	2	2	0	0	0	0	0
福州	2	0	0	0	2	0	4	2	2	0	0	0	0
厦门	4	0	0	0	4	0	4	2	4	0	0	0	0
宁德	0	0	0	0	0	0	0	0	0	0	0	0	0
广州	4	0	0	0	2	0	8	2	4	0	0	0	0
深圳	2	0	0	0	2	8	6	2	4	0	0	0	0
佛山	0	0	0	0	0	0	0	0	0	0	0	0	0
中山	0	0	0	0	0	0	2	0	0	0	0	0	0
珠海	2	0	0	0	1	0	2	3	2	0	0	0	0
惠州	0	0	0	0	0	3	0	0	0	0	0	0	0
汕头	0	0	0	0	0	0	0	0	0	0	0	0	0
茂名	0	0	0	0	0	0	0	0	0	0	0	0	0
湛江	0	0	0	0	0	0	0	0	0	0	0	0	0

续表

城市	滨州	南京	苏州	泰州	南通	连云港	镇江	无锡	徐州	常州	宿迁	上海	杭州
大连	0	0	6	0	4	4	0	0	0	0	0	12	4
丹东	0	0	0	0	0	0	0	0	0	0	0	0	0
营口	0	0	0	0	0	0	0	0	0	0	0	0	0
葫芦岛	0	0	0	0	0	0	0	0	0	0	0	0	0
北京	0	6	4	0	2	2	0	2	0	0	0	16	6
天津	0	4	9	0	0	0	0	1	0	0	0	16	5
青岛	0	2	4	0	6	6	0	0	1	0	0	12	8
烟台	1	0	2	0	4	2	0	0	0	0	0	4	4
威海	0	0	2	0	2	2	0	0	0	0	0	4	4
日照	0	0	0	0	0	0	0	0	0	0	0	0	0
潍坊	3	3	0	0	0	0	0	0	0	0	0	0	0
东营	0	0	0	0	0	0	0	0	0	0	0	0	0
济南	0	0	0	0	0	0	0	0	0	0	0	0	0
滨州	0	0	0	0	0	0	0	0	0	0	0	0	0
南京	0	0	0	0	6	0	0	0	0	0	2	0	0
苏州	0	0	0	2	4	4	2	2	2	2	2	6	4
泰州	0	0	2	0	2	2	1	6	2	0	1	3	2
南通	0	6	4	2	0	0	3	1	0	0	0	5	0
连云港	0	0	4	2	0	0	0	1	1	0	0	4	4
镇江	0	0	2	1	3	0	0	0	0	0	0	0	0
无锡	0	0	2	6	1	1	0	0	0	1	0	3	0
徐州	0	0	2	2	0	1	0	0	0	0	0	0	0
常州	0	0	2	0	0	0	0	1	0	0	0	0	0
宿迁	0	2	2	1	0	0	0	0	0	0	0	0	0
上海	0	0	6	3	5	4	0	3	0	0	0	0	4
杭州	0	0	4	2	0	4	0	0	0	0	0	4	0
宁波	0	4	4	2	0	4	0	0	0	0	0	4	6
温州	0	0	0	0	0	0	0	1	0	0	0	4	3
舟山	0	0	0	0	4	0	0	0	0	0	0	12	2
福州	0	0	4	2	0	2	0	0	0	0	0	0	4
厦门	0	4	4	2	0	2	0	0	0	0	0	2	4

续表

城市	滨州	南京	苏州	泰州	南通	连云港	镇江	无锡	徐州	常州	宿迁	上海	杭州
宁德	0	0	0	0	0	0	0	0	0	0	0	6	0
广州	0	0	4	2	6	2	0	0	0	0	0	31	4
深圳	0	0	4	2	0	2	0	0	0	0	0	10	4
佛山	0	0	0	0	0	0	0	0	0	0	0	0	0
中山	0	0	0	0	0	0	0	0	0	0	0	2	0
珠海	0	0	0	2	0	2	0	0	0	0	0	0	2
惠州	0	0	0	0	0	0	0	0	0	0	0	0	0
汕头	0	0	0	0	0	0	0	0	0	0	0	0	0
茂名	0	0	0	0	0	0	0	0	0	0	0	0	0
湛江	0	0	0	0	0	0	0	0	0	0	0	0	0

城市	宁波	温州	舟山	福州	厦门	宁德	广州	深圳	佛山	中山	珠海	惠州	汕头	茂名	湛江
大连	4	1	2	2	4	0	4	2	0	0	2	0	0	0	0
丹东	0	0	0	0	0	0	0	0	0	0	0	0	0	0	0
营口	0	0	0	0	0	0	0	0	0	0	0	0	0	0	0
葫芦岛	0	0	0	0	0	0	0	0	0	0	0	0	0	0	0
北京	4	0	0	2	4	0	2	2	0	0	1	0	0	0	0
天津	0	0	0	0	0	0	0	8	0	0	0	3	0	0	0
青岛	6	0	2	4	4	0	8	6	0	2	2	0	0	0	0
烟台	4	0	2	2	2	0	2	2	0	0	3	0	0	0	0
威海	4	0	0	2	4	0	4	4	0	0	2	0	0	0	0
日照	0	0	0	0	0	0	0	0	0	0	0	0	0	0	0
潍坊	0	0	0	0	0	0	0	0	0	0	0	0	0	0	0
东营	0	0	0	0	0	0	0	0	0	0	0	0	0	0	0
济南	0	0	0	0	0	0	0	0	0	0	0	0	0	0	0
滨州	0	0	0	0	0	0	0	0	0	0	0	0	0	0	0
南京	4	0	0	0	4	0	0	0	0	0	0	0	0	0	0
苏州	4	0	0	4	4	0	4	4	0	0	0	0	0	0	0
泰州	2	0	0	2	2	0	2	2	0	0	2	0	0	0	0
南通	0	0	4	0	0	0	6	0	0	0	0	0	0	0	0
连云港	4	0	0	2	2	0	2	2	0	0	2	0	0	0	0
镇江	0	0	0	0	0	0	0	0	0	0	0	0	0	0	0

续表

城市	宁波	温州	舟山	福州	厦门	宁德	广州	深圳	佛山	中山	珠海	惠州	汕头	茂名	湛江
无锡	0	1	0	0	0	0	0	0	0	0	0	0	0	0	0
徐州	0	0	0	0	0	0	0	0	0	0	0	0	0	0	0
常州	0	0	0	0	0	0	0	0	0	0	0	0	0	0	0
宿迁	0	0	0	0	0	0	0	0	0	0	0	0	0	0	0
上海	4	4	12	0	2	6	31	10	0	2	0	0	0	0	0
杭州	6	3	2	4	4	0	4	4	0	0	2	0	0	0	0
宁波	0	4	4	2	4	0	2	4	0	0	0	0	0	0	0
温州	4	0	2	2	4	0	2	2	0	0	2	0	0	0	0
舟山	4	2	0	2	4	0	2	2	0	0	0	0	0	0	0
福州	2	2	2	0	3	0	2	2	0	0	2	0	0	0	0
厦门	4	4	4	3	0	2	4	4	0	0	3	0	1	0	0
宁德	0	0	0	0	2	0	0	0	0	0	0	0	0	0	0
广州	2	2	2	2	4	0	0	14	3	2	2	1	2	0	1
深圳	4	2	2	2	4	0	14	0	2	3	0	2	0	2	2
佛山	0	0	0	0	0	0	3	2	0	2	0	1	1	1	0
中山	0	0	0	0	0	0	2	3	2	0	0	0	0	0	4
珠海	0	2	0	2	3	0	2	0	0	0	0	0	2	2	0
惠州	0	0	0	0	0	0	1	2	1	0	0	0	1	0	2
汕头	0	0	0	0	1	0	2	0	1	0	2	1	0	1	0
茂名	0	0	0	0	0	0	0	2	1	0	2	0	1	0	2
湛江	0	0	0	0	0	0	1	2	0	4	0	2	0	2	0

参考文献

[1] Acemoglu D, Carvalho V, and Ozdaglar A, et al. The network origins of aggregate fluctuations [J]. *Econometrica*, 2012, 80 (5): 1977 -2016.

[2] Albert R, Barabási A - L. Statistical Mechanics of Complex Networks [J]. *Reviews of Modern Physics*, 2000, 74: 47 -97.

[3] Amer R, Batongbacal J, Beckman R, et al. *Power, Law, and Maritime Order in the South China Sea* [M]. Lexington Books, 2015.

[4] Aroche-Reyes F. A Qualitative input—output method to find basic economic structures [J]. *Regional Science*, 2003, 82 (4): 581 -590.

[5] Aroche-Reyes F. Important coefficients and structural change: a multilayer approach [J]. *Economic Systems Research*, 1996, 8: 235 -246.

[6] Aroche-Reyes F. Structural transformations and important coefficients in the North American economies [J]. *Economic Systems Research*, 2000, 14: 257 -273.

[7] Aroche-Reyes F. Trees of the essential economic structures: a qualitative input—output method [J]. *Journal of Regional Science*, 2006, 46 (2): 333 -353.

[8] Baode W, Huixun L. Blue economy and diversity of culture industry development in shandong [J]. *Journal of Shandong Youth University of Political Science*, 2012, 5: 023.

[9] Benito G R G, Berger E, De la Forest M, et al. A cluster analysis of the maritime sector in Norway [J]. *International Journal of Transport Management*, 2003, 1 (4): 203 -215.

[10] Blunt J W, Copp B R, Keyzers R A, et al. Marine natural products [J]. *Natural Product Reports*, 2013, 30 (2): 237 -323.

[11] Bygballe L E, Håkansson H, Ingemansson M. An industrial network perspective on innovation in construction [J]. *Construction Innovation*, 2015: 89 – 101.

[12] Cai J, Leung P. Linkage measurement: a revisit and a suggested alternative [J]. *Economic Systems Research*, 2004, 16 (1): 65 – 85.

[13] Campbell J. Application of graph theoretic analysis to interindustry relationships [J]. *Regional Science and Urban Economics*. 1975, 5: 91 – 106.

[14] Campbell J. Growth pole theory, digraph analysis and interindustry relationships [J]. *Tijdschrift voor Economische en Social Georgette*, 1972, 63: 79 – 87.

[15] Cella G. The input-output measurement of interindustry linkages [J]. *Oxford Bulletin of Economics and Statistics*, 1984, 46 (1): 73 – 84.

[16] Chang Y C. Maritime clusters: What can be learnt from the South West of England [J]. *Ocean & Coastal Management*, 2011, 54 (6): 488 – 494.

[17] Chenery H B, Watanabe T. International comparison of the structure of production [J]. *Econometrica*, 1958, 26: 487 – 521.

[18] Clements, Benedict J. On the decomposition and normalization of interindustry linkages [J]. *Economics Letters*, 1990, 33 (4): 337 – 340.

[19] Constable A, Godø O R, Newman L. Report on 2015 activities of the southern ocean observing system relevant to the work of CCAMLR [J]. *SOOS Report Series*, 2015, 3: 3.

[20] Cunliffe B. *By Steppe, Desert, and Ocean: The Birth of Eurasia* [M]. Oxford University Press, 2015.

[21] da Silva Monteiro J P V, Neto P A, Noronha M T. Understanding the ways and the dynamics of collaborative innovation processes: the case of the maritime cluster of the Algarve region (Portugal) [J]. *Urban, Planning and Transport Research*, 2014, 2 (1): 247 – 264.

[22] Dahe Q I N. Climate change science and sustainable development [J]. *Progress in Geography*, 2014, 33 (7): 874 – 883.

[23] Davila O G, Koundouri P, Souliotis I, et al. Supporting BLUE

Growth: Eliciting Stakeholders' preferences for Multiple-Use Offshore Platforms [R]. Athens University of Economics and Business, 2015.

[24] Denner K, Phillips M R, Jenkins R E, et al. A coastal vulnerability and environmental risk assessment of Loughor Estuary, South Wales [J]. *Ocean & Coastal Management*, 2015, 116: 478 -490.

[25] Dietzenbacher E. Interregional multipliers: looking backward, looking forward [J]. *Regional Studies*, 2000, 36: 125 -136.

[26] Doloreux D. Understanding regional innovation in the maritime industry: an empirical analysis [J]. *International Journal of Innovation and Technology Management*, 2006, 3 (02): 189 -207.

[27] Duranton G, Overman H G. Testing for localization using micro-geographic data [J]. *The Review of Economic Studies*, 2005, 72 (4): 1077 - 1106.

[28] Enright, M. Regional clusters and economic development: a research agenda. In: Staber, U. , Schaefer, N. and Sharma, B. (eds.) Business Networks: Prospects for Regional Development, Berlin: Walter de Gruyter, 1996: 190 -213.

[29] Ernst D. Catching-up and post-crisis industrial upgrading: searching for new sources of growth in Korea's electronics industry [J]. *Economic governance and the challenge of flexibility in East Asia*, 2001: 137 -164.

[30] Fernńdez-Macho J, Murillas A, Ansuategi A, et al. Measuring the maritime economy: spain in the European Atlantic Arc [J]. *Marine Policy*, 2015, 60: 49 -61.

[31] Feser E J. Old and new theories of industry clusters [J]. *Clusters and Regional Specialisation*, 1998, 16.

[32] Gereffi G. Development models and industrial upgrading in China and Mexico [J]. *European Sociological Review*, 2009, 25 (1): 37 -51.

[33] Gereffi G. International trade and industrial upgrading in the apparel commodity chain [J]. *Journal of International Economics*, 1999, 48 (1): 37 - 70.

[34] Ghosh S, Roy J. Qualitative input-output analysis of the Indian

economic structure [J]. *Economic Systems Research*, 1998, 10 (3): 263 - 273.

[35] Guangyu H U. Chaos conditions and economy forecast for the blue economy development [J]. *Journal of Tsinghua University (Science and Technology)*, 2011, 8: 22 - 25.

[36] Haezendonck E, Pison G, Rousseeuw P, et al. The competitive advantage of seaports [J]. *International Journal of Maritime Economics*, 2000, 2 (2): 69 - 82.

[37] Hammervoll T, Halse L L, Engelseth P. The role of clusters in global maritime value networks [J]. *International Journal of Physical Distribution & Logistics Management*, 2014, 44 (1/2): 98 - 112.

[38] Helmreich S. Blue-green capital, biotechnological circulation and an oceanic imaginary: a critique of biopolitical economy [J]. *BioSocieties*, 2010, 2 (3): 287 - 302.

[39] Hills P R, Wang G. Ocean-Oriented Sustainable Development: The Story of Hong Kong's Fisheries [C] //Forum on Marine Science and Technology, World Ocean Week, Xiamen, China, 9 November 2013. 2013.

[40] Hirdaris S E. Loads on ships and offshore structures [J]. *Ships and Offshore Structures*, 2015, 10 (5): 459 - 459.

[41] Hirschman A. O. *The Strategy of Economic Development* [M]. New Haven: Yale University Press, 1958.

[42] Hoffmann J E. Profit from garbage? A case of RotterZwam and the Blue Economy [D]. BCE, 2014.

[43] Holub H. W., Schnabl H. Qualitative input-output analysis and structural information [J]. *Economic Modelling*, 1985, 2: 67 - 73.

[44] Humphrey J, Schmitz H. *Governance and Upgrading: Linking Industrial Cluster and Global Value Chain Research* [M]. Brighton: Institute of Development Studies, 2000.

[45] Idsardi, E F, H D Schalkwyk, and Wilma Viviers. *The Agricultural Product Space: Prospects for South Africa* [M]. 2015 Conference, August 9 - 14, 2015, Milan, Italy. No. 211752. International Association of Agricultural

Economists, 2015.

[46] Iustin-Emanuel A, Alexandru T. From circular economy to blue economy [J]. *Management Strategies Journal*, 2014, 26 (4): 197 -203.

[47] J. T. Kildow, A. Mcilgorm. The importance of estimating the contribution of the oceans to national economies [J]. *Marine Policy*, 2010, 34.

[48] Johansson T, Donner P. *Strict Ocean Governance and Commercial Implications of Arctic Navigation* [M] //The Shipping Industry, Ocean Governance and Environmental Law in the Paradigm Shift. Springer International Publishing, 2015: 67 -73.

[49] Jones L. The measurement of hirschmanian linkages [J]. *Quarterly Journal of Economics*, 1976, 90 (2): 323 -333.

[50] Kildow J, Colgan C S. California's ocean economy: report to the resources agency, State of California [J]. *National Ocean Economics Program*, 2005, 7: 1.

[51] Kim S G. The impact of institutional arrangement on ocean governance: international trends and the case of Korea [J]. *Ocean & Coastal Management*, 2012, 64: 47 -55.

[52] Laage-Hellman J, Lind F, Perna A. Customer involvement in product development: an industrial network perspective [J]. *Journal of Business-to-Business Marketing*, 2014, 21 (4): 257 -276.

[53] Lee C B, Wan J, Shi W, et al. A cross-country study of competitiveness of the shipping industry [J]. *Transport Policy*, 2014, 35: 366 -376.

[54] LI S, XU C. Discussion on the ocean's strategic position and modern ocean development concept [J]. *Economic Research Guide*, 2012, 27: 113.

[55] Lowe N J. Challenging tradition: unlocking new paths to regional industrial upgrading [J]. *Environment and Planning*. A, 2009, 41 (1): 128.

[56] Lu Y. Circular economy development mode of coastal and marine areas in China and its evaluation index research—the example of Qingdao [J]. *Int J Bioautomation*, 2014, 18 (2): 121 -130.

[57] Lubchenco. The blue economy: understanding the ocean's role in the nation's future [J]. *Capitol Hill Ocean Week*, 2009 (9).

[58] Luttenberger A, Luttenberger L R. Environmental life-cycle costing in maritime transport [C] //Inaternational Association of Maritime Universities Annual General Assembly, 2015. 2015.

[59] Mallory T G. Preparing for the ocean century: China's Changing political institutions for ocean governance and maritime development [J]. *Issues and Studies*, 2015, 51 (2): 111.

[60] Merrill S B. Using future benefits to set conservation priorities for wetlands [J]. *Journal of Ocean and Coastal Economics*, 2015, 2 (1): 3.

[61] Miller R. E., Lahr M. L. *A Taxonomy of Extractions* [M]. Regional Science Perspectives in Economic Analysis, Amsterdam, 2001.

[62] Mirzadeh A, Pad M H, Salarzehi H, et al. Identification and prioritizing the investment opportunities in Chabahar Free Zone using analytical hierarchy [J]. *International Journal of Academic Research in Business and Social Sciences*, 2014, 4 (11): 320-331.

[63] Morillas A., Robles L. Input output coefficients importance: a fuzzy logic approach [J]. *International Journal of Uncertainty, Fuzziness and Knowledge-Based Systems*, 2011, 19 (6): 1013-1031.

[64] Morrissey K, O' Donoghue C. The Irish marine economy and regional development [J]. *Marine Policy*, 2012, 36 (2): 358-364.

[65] Morrissey K, O' Donoghue C. The potential for an Irish maritime transportation cluster: an input-output analysis [J]. *Ocean & Coastal Management*, 2013, 71: 305-313.

[66] Mutisi L, Nhamo G. Blue in the green economy: land use change and wetland shrinkage in Belvedere North and Epworth localities, Zimbabwe [J]. *Journal of Public Administration: Green Economy and Local Government*, 2015, 50 (1): 108-124.

[67] Nabudere D W. *From Agriculture to Agricology: Towards a Glocal Circular Economy* [M]. Real African Publishers, 2013.

[68] Newman M E J, Moore C, Watts D J. Mean field solution of the small-world network model [J]. *Physical Review Letters*, 2000, 84: 3201-3204.

[69] Newman M E J. The structure and function of networks [J]. *Computer Physics Communications*, 2000, 147: 40 - 45.

[70] Oerlemans L. and Meeus M. Do organizational and spatial proximity impact on firm performance? [J]. *Regional Studies* 2005, 39 (1): 89 - 104.

[71] Pauli G A. The blue economy: 10 years, 100 innovations, 100 million jobs [M]. Paradigm Publications, 2010.

[72] Porter M. *The Competitive Advantage of Nations* [M]. New York: The Free Press, 1990.

[73] Prouzet P. *Value and Economy of Marine Resources* [M]. John Wiley & Sons, 2015.

[74] Roelandt T J A, Den Hertog P. Cluster analysis and cluster-based policy making in OECD countries: an introduction to the theme [J]. *Boosting Innovation: The Cluster Approach*, 1999: 9 - 23.

[75] Sakhuja V. Harnessing the blue economy [J]. *Indian Foreign Affairs Journal*, 2015, 10 (1): 39.

[76] Salvador R. Maritime clusters evolution: the (not so) strange case of the portuguese maritime cluster [J]. *Journal of Maritime Research*, 2014, 11 (1): 53 - 59.

[77] Schnabl H. The ECA-method for identifying sensitive reactions within an IO context [J]. *Economic Systems Research*, 2003, 15 (4): 495 - 504.

[78] Schnabl H. The evolution of production structures analyzed by a multilayer procedure [J]. *Economic Systems Research*, 1994, 6: 51 - 68.

[79] Schnabl H., West G., Foster J. A new approach to identifying structural development in economic systems the case of the Queensland economy [J]. *Australian Economic Papers*, 1999, 38 (1): 64 - 78.

[80] Senekal B A, Stemmet J A. The gods must be connected: An investigation of Jamie Uys' connections in the Afrikaans film industry using social network analysis [J]. *Communication*, 2014, 40 (1): 1 - 19.

[81] Shinohara M. Maritime cluster of Japan: implications for the cluster formation policies [J]. *Marit. Pol. Mgmt.*, 2010, 37 (4): 377 - 399.

[82] Simões A, Soares C G, Salvador R. Multipliers, linkages and influ-

ence fields among the sectors of the Portuguese maritime cluster [J]. *Maritime Technology and Engineering*, 2014: 155.

[83] Slater P B. The Determination of Groups of Functionally Intergraded Industries in the United States Using a 1967 Inter-industry Flow Table [J]. Empirical Economics, 1977, 2: 1-9.

[84] Sonis M., Guilhoto J. J. M., Hewings G. J. D. Linkages, key sectors and structural change: some new perspectives [J]. *Developing Economies*, 1995, 33 (9): 233-270.

[85] Spalding M D, Meliane I, Milam A, et al. Protecting marine spaces: global targets and changing approaches [J]. *Ocean Yearbook Online*, 2013, 27 (1): 213-248.

[86] Surís-Regueiro J C, Garza-Gil M D, Varela-Lafuente M M. Marine economy: a proposal for its definition in the European Union [J]. *Marine Policy*, 2013, 42: 111-124.

[87] Taurino T. A cluster reference framework for analyzing sustainability of SME clusters [J]. *Procedia CIRP*, 2015, 30: 132-137.

[88] Teng J C. Aggregate fluctuations and industrial network effect [J]. *Korea and the World Economy*, 2015, 16 (1): 43-85.

[89] Thao N H, Amer R. Coastal states in the South China Sea and submissions on the outer limits of the continental shelf [J]. *Ocean Development & International Law*, 2011, 42 (3): 245-263.

[90] Titze M, Brachert M, Kubis A. The identification of regional industrial clusters using qualitative input-output analysis (QIOA) [J]. *Regional Studies*, 2011, 45 (1): 89-102.

[91] Torre A and Rallet A. Proximity and localization [J]. *Regional Studies*, 2005, 39 (1): 47-59.

[92] Visbeck M, Kronfeld-Goharani U, Neumann B, et al. A sustainable development goal for the ocean and coasts: global ocean challenges benefit from regional initiatives supporting globally coordinated solutions [J]. *Marine Policy*, 2014, 49: 87-89.

[93] Visbeck M, Kronfeld-Goharani U, Neumann B, et al. Establishing a

sustainable development goal for oceans and coasts to face the challenges of our future ocean [R]. Kiel Working Paper, 2013.

[94] Wang S, Yuan P, Li D, et al. An overview of ocean renewable energy in China [J]. *Renewable and Sustainable Energy Reviews*, 2011, 15 (1): 91 - 111.

[95] Wiese A, Brandt A, Thierstein A, et al. Revealing relevant proximities: knowledge networks in the maritime economy in a spatial, functional and relational perspective [J]. *Raumforschung und Raumordnung*, 2014, 72 (4): 275 - 291.

[96] Xuzhao J, Jihua Z. A study on history of marine economy in China: a literature review in recent three decades [J]. *Journal of Ocean University of China (Social Sciences)*, 2012, 5: 3.

[97] You W, Qi J. Long-term development trend of China's economy and importance of the circular economy' [J]. *China & World Economy*, 2005, 13 (2): 16 - 25.

[98] Yu Y, Cheng Z X. The Application of Artificial Intelligence in Ocean Development: In the View of World Expo 2010 [C] //Applied Mechanics and Materials. 2013, 347: 2335 - 2339.

[99] Zhao B X, Du P L, Xiao W W, et al. Industrial cluster core structure and its index system [J]. *System Engineering-Theory & Practice*, 2016, 36 (1): 55 - 62.

[100] Zhao R, Hynes S, He G S. Defining and quantifying China's ocean economy [J]. *Marine Policy*, 2014, 43: 164 - 173.

[101] [美] 迈克尔·波特/著，李明轩，邱如美等/译. 国家竞争优势 [M]. 北京：华夏出版社，2000.

[102] 白福臣. 中国海洋产业灰色关联及发展前景分析 [J]. 技术经济与管理研究，2009，01：110 - 112.

[103] 鲍捷，吴殿廷，蔡安宁，胡志丁. 基于地理学视角的“十二五”期间我国海陆统筹方略 [J]. 中国软科学，2011，05：1 - 11.

[104] 曹忠祥，高国力. 我国陆海统筹发展的战略内涵、思路与对策 [J]. 中国软科学，2015，02：1 - 12.

［105］常玉苗，成长春．江苏海陆产业关联效应及联动发展对策［J］．地域研究与开发，2012，04：34－36＋46.

［106］陈芳，眭纪刚．新兴产业协同创新与演化研究：新能源汽车为例［J］．科研管理，2015，01：26－33.

［107］陈国亮．海洋产业协同集聚形成机制与空间外溢效应［J］．经济地理，2015，07：113－119.

［108］陈国庆．中国蓝色产业关联研究［D］．山东大学，2014.

［109］陈婉婷，廖福霖，罗栋燊．基于灰色理论的福建海洋产业结构研究［J］．福建师范大学学报（哲学社会科学版），2014，01：33－38.

［110］陈晓红．中国半岛蓝色经济区海洋产业结构优化升级的制约因素与对策分析［J］．特区经济，2011，11：73－75.

［111］陈效珍，赵炳新，肖雯雯．产业旁侧关联网络研究［J］．中国管理科学，2014，11：122－130.

［112］陈效珍．中国产业循环结构的比较分析［J］．东岳论丛，2015，04：98－102.

［113］陈雁云，秦川．产业集聚与经济增长互动：解析14个城市群［J］．改革，2012，10：38－43.

［114］狄乾斌，刘欣欣，曹可．中国海洋经济发展的时空差异及其动态变化研究［J］．地理科学，2013，12：1413－1420.

［115］狄乾斌，刘欣欣，王萌．我国海洋产业结构变动对海洋经济增长贡献的时空差异研究［J］．经济地理，2014，10：98－103.

［116］狄乾斌，孙阳．沿海地区海洋经济与社会变迁关联度评价——以辽宁省为例［J］．地理科学进展，2014，05：713－720.

［117］董晓菲，韩增林，王荣成．东北地区沿海经济带与腹地海陆产业联动发展［J］．经济地理，2009，01：31－35＋44.

［118］盖美，刘伟光，田成诗．中国沿海地区海陆产业系统时空耦合分析［J］．资源科学，2013，05：966－976.

［119］高超，金凤君．沿海地区经济技术开发区空间格局演化及产业特征［J］．地理学报，2015，02：202－213.

［120］高楠，马耀峰，张春晖．中国丝绸之路经济带旅游产业与区域经济的时空耦合分异——基于九省区市1993－2012年面板数据［J］．经济

管理，2015，09：111－120.

［121］龚丽敏，江诗松，魏江．产业集群创新平台的治理模式与战略定位：基于浙江两个产业集群的比较案例研究［J］．南开管理评论，2012，02：59－69.

［122］韩增林，狄乾斌，单良．面向“十二五”时期的海洋经济地理研究［J］．经济地理，2011，04：536－540.

［123］何广顺，周秋麟．蓝色经济的定义和内涵［J］．海洋经济，2013，04：9－18.

［124］何佳霖，宋维玲．海洋产业关联及波及效应的计量分析——基于灰色和投入产出模型［J］．海洋通报，2013，05：586－594.

［125］胡家强，陈睿，李蔚．蓝色经济建设对产业政策法的挑战及其应对［J］．中国海洋大学学报（社会科学版），2011（1）.

［126］纪玉俊，刘琳婧．海洋产业集群与沿海区域经济发展关联关系分析［J］．海洋经济，2013，03：1－7.

［127］江世浩，刘凯，边继超．蓝色经济区建设对发展低碳经济的推动作用［J］．海洋信息，2014，03：32－35.

［128］雷俊霞．创意产业集群知识共享的创新策略研究［J］．管理世界，2015，05：180－181.

［129］李景华．基于投入产出局部闭模型的中国房地产业经济增长结构分解分析［J］．系统工程理论与实践，2012，04：784－789.

［130］李琳，韩宝龙，高攀．地理邻近对产业集群创新影响效应的实证研究［J］．中国软科学，2013，01：167－175.

［131］李善同，钟思斌．我国产业关联和产业结构变化的特点分析［J］．管理世界，1998（3）：61－68.

［132］李秀婷，刘凡，吴迪，董纪昌，高鹏．基于投入产出模型的我国房地产业宏观经济效应分析［J］．系统工程理论与实践，2014，02：323－336.

［133］梁中．基于生态学视角的区域主导产业协同创新机制研究［J］．经济问题探索，2015，06：157－161＋182.

［134］林毅夫．新结构经济学——重构发展经济学的框架［J］．经济学，2010，10（1）：1－32.

［135］刘军．整体网分析讲义［M］．上海：上海人民出版社，2009.

［136］刘起运，陈璋，苏汝劼．投入产出分析［M］．北京：中国人民大学出版社，2006.

［137］刘芹．产业集群升级研究述评［J］．科研管理，2010，03：57－62.

［138］刘友金，袁祖凤，周静，姜江．共生理论视角下产业集群式转移演进过程机理研究［J］．中国软科学，2012，08：119－129.

［139］刘照胜，徐庚．新常态下中国国家可持续发展实验区建设研究［J］．山东社会科学，2015，09：182－186.

［140］陆根尧，符翔云，朱省娥．基于典型相关分析的产业集群与城市化互动发展研究：以浙江省为例［J］．中国软科学，2011，12：101－109.

［141］吕海金，董相军，左常江．蓝色产业调研及海洋化工专业群建设初探［J］．价值工程，2012，25：148－150.

［142］马仁锋，李加林，赵建吉，庄佩君．中国海洋产业的结构与布局研究展望［J］．地理研究，2013，05：902－914.

［143］宁凌，胡婷，滕达．中国海洋产业结构演变趋势及升级对策研究［J］．经济问题探索，2013，07：67－75.

［144］潘鲁生．蓝色文化产业的发展路径——关于中国半岛蓝色经济区文化产业发展的战略思考［J］．山东社会科学，2012，12：74－78.

［145］潘省初，冯媛，周凌瑶．基于2000《国民经济行业分类》国家标准的投入产出序列表的研制［J］，中国投入产出理论与实践2004，754－764.

［146］綦良群，李兴杰．区域装备制造业产业结构升级机理及影响因素研究［J］．中国软科学，2011（5）.

［147］阮建青，石琦，张晓波．产业集群动态演化规律与地方政府政策［J］．管理世界，2014，12：79－91.

［148］阮建青，张晓波，卫龙宝．危机与制造业产业集群的质量升级——基于浙江产业集群的研究［J］．管理世界，2010，02：69－79.

［149］邵桂兰，杨志坤，于谨凯，陈昊．中国半岛蓝区海洋优势产业选择及战略定位研究［J］．东岳论丛，2012，07：38－45.

［150］沈玉芳，刘曙华，张婧，王能洲．长三角地区产业群、城市群

和港口群协同发展研究［J］. 经济地理，2010，05：778－783.

［151］生延超，钟志平. 旅游产业与区域经济的耦合协调度研究——以湖南省为例［J］. 旅游学刊，2009，08：23－29.

［152］宋军继. 中国半岛蓝色经济区陆海统筹发展对策研究［J］. 东岳论丛，2011，12：110－113.

［153］苏东水. 产业经济学［M］. 北京：高等教育出版社，2010.

［154］孙才志，李欣. 基于核密度估计的中国海洋经济发展动态演变［J］. 经济地理，2015，01：96－103.

［155］孙才志，杨羽頔，邹玮. 海洋经济调整优化背景下的环渤海海洋产业布局研究［J］. 中国软科学，2013，10：83－95.

［156］孙国强，邱玉霞，李俊梅. 网络组织风险传导的动态演化路径研究［J］. 中国管理科学，2015，02：170－176.

［157］孙吉亭，赵玉杰. 我国海洋经济发展中的海陆统筹机制［J］. 广东社会科学，2011，05：41－47.

［158］覃雄合，孙才志，王泽宇. 代谢循环视角下的环渤海地区海洋经济可持续发展测度［J］. 资源科学，2014，12：2647－2656.

［159］万幼清，胡强. 产业集群协同创新的风险传导路径研究［J］. 管理世界，2015，09：178－179.

［160］汪小帆，李翔，陈关荣. 网络科学导论［M］. 北京：高等教育出版社，2012.

［161］汪长江，刘洁. 关于发展我国海洋经济的若干分析与思考［J］. 管理世界，2010（2）：173－174.

［162］王春武. 中国半岛蓝色休闲经济带旅游业发展研究［J］. 山东社会科学，2012，11：137－141.

［163］王莉莉，肖雯雯. 基于投入产出模型的中国海洋产业关联及海陆产业联动发展分析［J］. 经济地理，2016，01：113－119.

［164］王淼. 21世纪我国海洋经济发展的战略思考［J］. 中国软科学，2003（11）：27－32.

［165］王庆，李世泰. 中国半岛蓝色经济区建设与烟台市发展［J］. 中国经济，2010（2）：137－142.

［166］王生辉，孙国辉. 全球价值链体系中的代工企业组织学习与产

业升级［J］. 经济管理，2009，08：39－44.

［167］王夕源. 中国半岛蓝色经济区海洋生态渔业发展策略研究［D］. 中国海洋大学，2013.

［168］王岳平，葛岳静. 我国产业结构的投入产出关联特征分析［J］. 管理世界，2010，2：61－68.

［169］王泽宇，崔正丹，孙才志，韩增林，郭建科. 中国海洋经济转型成效时空格局演变研究［J］. 地理研究，2015，12：2295－2308.

［170］王苧萱. 蓝色经济发展融资策略研究［J］. 中国海洋大学学报（社会科学版），2012，05：22－28.

［171］伍长南. 福建打造海峡蓝色产业带建设海洋经济强省研究［J］. 中共福建省委党校学报，2012，01：90－96.

［172］夏明，张红霞. 投入产出分析——理论、方法与数据［M］. 中国人民大学出版社，2013.

［173］肖皓，朱俏. 影响力系数与感应度系数的评价与改进——考虑增加值和节能减排效果［J］. 管理评论，2015，03：57－66.

［174］肖雯雯. 产业网络关联分析：概念体系与分析框架［D］. 山东大学，2014.

［175］徐玖平，胡知能，黄钢. 循环经济系统规划理论与方法及实践［M］. 北京：科学出版社，2008.

［176］徐赟，李善同. 中国主导产业的变化与技术升级——基于列昂惕夫天际图分析的拓展［J］. 数量经济技术经济研究，2015，07：21－38.

［177］许罕多，罗斯丹. 中国海洋产业升级对策思考［J］. 中国海洋大学学报（社会科学版），2010，02：43－47.

［178］许进. 系统核与核度理论及其应用［M］. 西安：西安电子科技大学出版社，1994.

［179］许士春，何正霞，魏晓平. 资源消耗、污染控制下经济可持续最优增长路径［J］. 管理科学学报，2010，01：20－30.

［180］许宪春，刘起运. 中国投入产出理论与实践（2004）［M］. 北京：中国统计出版社，2010.

［181］杨红. 耦合产业系统最优化增长路径上产业资源消耗结构的动态分析［J］. 管理世界，2011，02：171－172.

[182] 杨林，曹梦. 海洋高技术主导产业选择研究——以中国为例[J]. 山东社会科学，2015，04：138－142.

[183] 杨晓耘，王敬敬，唐勃峰. 复杂网络视角下的产业网络研究[J]. 北京科技大学学报（社会科学版），2010，26（3）：127－131.

[184] 叶安宁，张敏，刘艳艳. 后向关联的稳定性研究 [J]. 统计与决策，2011，331（7）：163－164.

[185] 叶向东. 积极发展海洋经济 不断壮大蓝色产业 [J]. 太平洋学报，2006，09：11－22.

[186] 于谨凯，曹艳乔. 海洋产业关联模型分析 [J]. 资源与产业，2010，06：12－15.

[187] 余典范，干春晖，郑若谷. 中国产业结构的关联特征分析——基于投入产出结构分解技术的实证研究 [J]. 中国工业经济，2011，11：5－15.

[188] 袁宇，李福华. 基于蓝色产业创新网络的青岛国家高新区与科技新城互动研究 [J]. 科技进步与对策，2011，22：44－48.

[189] 原鹏飞，魏巍贤. 房地产价格波动经济影响的一般均衡研究[J]. 管理科学学报，2012，03：30－43.

[190] 张丹宁，唐晓华. 产业网络组织及其分类研究 [J]. 中国工业经济，2008，（2）：57－65.

[191] 张建平. 构建中日韩区域经济合作试验区政策研究——基于中国半岛蓝色经济区的视角 [J]. 山东社会科学，2012，08：130－136＋145.

[192] 张伟，宋马林，杨杰. 发展蓝色经济应当继续加强节能降耗[J]. 统计研究，2010，07：30－35.

[193] 张卫国，赵炳新. 鲁苏沪浙粤经济社会发展比较研究 [M]. 济南：中国人民大学出版社，2005.

[194] 赵炳新，陈效珍，陈国庆. 产业基础关联树的构建与分析——以中国、江苏两省为例 [J]. 管理评论，2013，02：35－42.

[195] 赵炳新，陈效珍，张江华. 产业圈度及其算法 [J]. 系统工程理论与实践，2014，06：1388－1397.

[196] 赵炳新，肖雯雯，佟仁城，张江华，王莉莉. 产业网络视角的蓝色经济内涵及其关联结构效应研究——以山东省为例 [J]. 中国软科学，2015，08：135－147.

[197] 赵炳新，尹翀，张江华．产业复杂网络及其建模研究—基于山东省实例的分析 [J]．经济管理，2011，7：139－148.

[198] 赵炳新，张江华．产业网络理论导论 [M]．北京：经济科学出版社，2013.

[199] 赵炳新．产业关联分析中的图论模型及应用研究 [J]．系统工程理论与实践，1996，16（2）：39－42.

[200] 赵东霞，韩增林，王利，赵彪．环渤海地区产业地域分工的基本格局 [J]．经济地理，2015，06：8－16.

[201] 赵昕，王涛，郑慧．我国主导海洋产业指标体系的建立及测度 [J]．统计与决策，2015，04：36－40.

[202] 周达军．我国海洋渔业投入产出控制政策面临问题的思考 [J]．管理世界，2010，05：150－151.

[203] 周宏．现代汉语辞海 [K]．北京：光明日报出版社，2003：820－821.

后　　记

本书的撰写得到了很多人的鼓励和帮助。特别感谢我的博士导师赵炳新教授，赵炳新教授在本书撰写过程中，对本书框架、逻辑设计、结构安排等进行了细致指导，在本书写作过程中提出过非常有建设性的意见，无论从谋篇布局还是到实例分析，都给出过非常好的建议。中国科学院大学的佟仁城教授对本书的几次指导都极大地提升了本书的学术水平，佟仁城教授对海洋经济深刻的见解对本书分析海洋经济有很大帮助。山东大学管理学院的孟庆春老师、赵培新老师、张江华老师在本书模型构建和指标设计过程中给予了帮助和鼓励。在此对各位老师致以崇高的敬意和衷心的感谢。

我的同事、同学和师兄师姐师弟师妹都为本书完成提供了重要帮助，在本书模型具体构建、指标算法具体设计、实证具体计算等方面给予了非常大的帮助。同时，你们在我攻读博士的四年也给了我很多关心、鼓励，在此一并感谢。

最后感谢我的家人，没有你们的支持，我不可能顺利完成学业，也不可能顺利完成此书。谢谢你们的包容和陪伴，在此真诚感谢你们为我做过的一切。

王莉莉